室内设计与表现系列

新印象

3ds Max / VRay/ Photoshop
创客空间
设计与效果图表现技法

任媛媛 编著

人民邮电出版社
北京

图书在版编目（CIP）数据

新印象 3ds Max/VRay/Photoshop 创客空间设计与效
果图表现技法 / 任媛媛编著. -- 北京：人民邮电出版
社，2019.1
ISBN 978-7-115-50031-1

Ⅰ.①新… Ⅱ.①任… Ⅲ.①室内装饰设计－计算机
辅助设计－三维动画软件 Ⅳ.①TU238.2-39

中国版本图书馆CIP数据核字(2018)第284694号

内 容 提 要

本书以 3ds Max、VRay 和 Photoshop 为依托，全面阐述了"创客空间"的设计思路和效果图表现技法。书中不仅介绍了如何设计规划创客空间的结构，还介绍了一系列效果图的表现技法。

全书共 8 章。第 1 章介绍"创客空间"的特点和风格；第 2~8 章为商业案例，讲解不同风格和功能的创客空间的设计思路与制作方法。

本书在编写时，特意加入了大量的"技巧与提示"，这些提示能从多方面帮助读者理解设计思路、拓宽设计思维和掌握效果图的制作方法。另外，本书学习资源包括所有案例的"场景文件""单体模型""案例文件""贴图文件"和"多媒体教学视频"，方便读者进行学习。

本书非常适合作为室内设计和效果图方向初、中级读者的入门与提高参考书。另外，本书内容均采用 3ds Max 2016、VRay 3.50.04 和 Photoshop CC 2017 进行演示，请读者注意。

♦ 编　　著　任媛媛
　　责任编辑　刘晓飞
　　责任印制　陈　犇

♦ 人民邮电出版社出版发行　　北京市丰台区成寿寺路 11 号
　　邮编　100164　电子邮件　315@ptpress.com.cn
　　网址　http://www.ptpress.com.cn
　　天津市豪迈印务有限公司印刷

♦ 开本：787×1092　1/16
　　印张：13.75
　　字数：410 千字　　　　　　　　　2019 年 1 月第 1 版
　　印数：1－3 000 册　　　　　　2019 年 1 月天津第 1 次印刷

定价：68.00 元

读者服务热线：**(010)81055410**　印装质量热线：**(010)81055316**
反盗版热线：**(010)81055315**
广告经营许可证：京东工商广登字 20170147 号

第2章

现代风格创客咖啡厅　视频长度：01:42:31　　　　　　**/025 页**

第 3 章

工业风格创客办公室　视频长度：01:38:35

第 4 章

新中式风格创客茶室 视频长度: 01:03:37

/083 页

第 5 章

北欧风格创客培训室 视频长度：00:51:26

/109 页

第 6 章

工业风格创客书吧 视频长度：01:14:33

/135 页

第 7 章

新中式风格创客艺术展厅　视频长度：00:57:39

/163 页

第 8 章

现代风格创客研发室　视频长度：00:38:31

/195 页

本书一共7个案例，讲解了创客空间常见的材质，包括木纹、金属、玻璃、布纹和油漆等。下面列举一些案例中的材质球效果供读者参考。

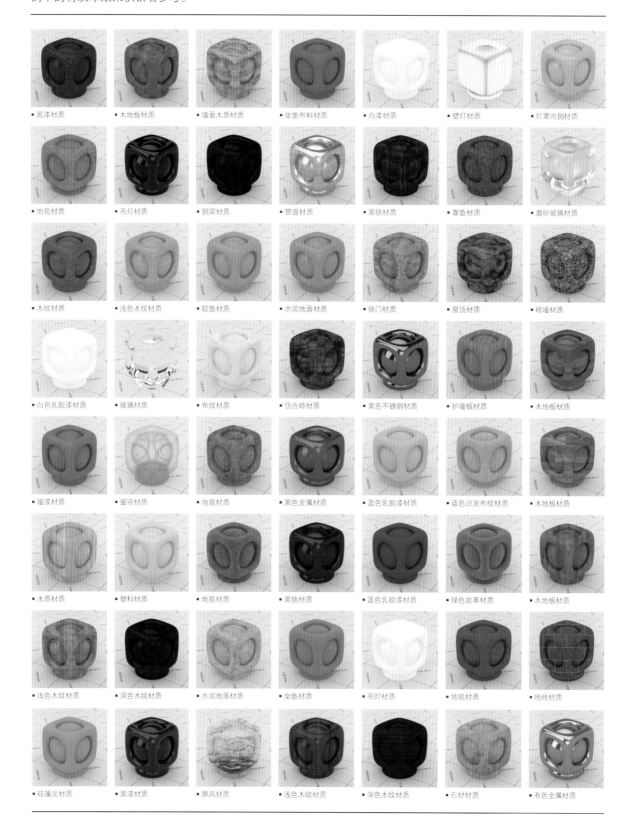

■ 黑漆材质　　■ 木地板材质　　■ 墙面木质材质　　■ 坐垫布料材质　　■ 白漆材质　　■ 壁灯材质　　■ 灯罩内侧材质

■ 地毯材质　　■ 吊灯材质　　■ 钢梁材质　　■ 管道材质　　■ 黑铁材质　　■ 靠垫材质　　■ 磨砂玻璃材质

■ 木纹材质　　■ 浅色木纹材质　　■ 软垫材质　　■ 水泥地面材质　　■ 铁门材质　　■ 屋顶材质　　■ 砖墙材质

■ 白色乳胶漆材质　　■ 玻璃材质　　■ 布纹材质　　■ 仿古砖材质　　■ 黑色不锈钢材质　　■ 护墙板材质　　■ 木地板材质

■ 墙漆材质　　■ 窗帘材质　　■ 地毯材质　　■ 黑色金属材质　　■ 蓝色乳胶漆材质　　■ 蓝色沙发布纹材质　　■ 木地板材质

■ 木质材质　　■ 塑料材质　　■ 地毯材质　　■ 黑铁材质　　■ 蓝色乳胶漆材质　　■ 绿色皮革材质　　■ 木地板材质

■ 浅色木纹材质　　■ 深色木纹材质　　■ 水泥地面材质　　■ 坐垫材质　　■ 吊灯材质　　■ 地毯材质　　■ 地砖材质

■ 硅藻泥材质　　■ 黑漆材质　　■ 屏风材质　　■ 浅色木纹材质　　■ 深色木纹材质　　■ 石材材质　　■ 有色金属材质

近年来，随着"大众创业"时代的到来，承载着创业者梦想的各类创客空间接踵而至。伴随着不同需求的创业人群，不同类型的创客空间也应运而生。本书就是为了适应这一需求，专门为读者讲解创客空间的设计思维与效果图的制作技法。

全书共分为8章。第1章介绍了创客空间的特点和常见风格，第2~4章介绍了现代风格、工业风格和新中式风格的创客办公空间，第5~6章介绍了北欧风格和工业风格的创客培训空间，第7章介绍了新中式风格的创客展览空间，第8章介绍了现代风格的创客研发空间。通过第2~8章中7个案例的学习，希望能让读者大致了解国内常见的创客空间类型与设计风格。

与其他效果图制作的图书有所不同，本书是用完整的案例制作流程展示了效果图制作的整个设计思维。不同类型和风格的创客空间的结构划分、家具选择与摆放、室内光源布置和空间配色这4个方面是本书表现的重点。本书不仅打破了固有的"为制作而制作"的弊端，也可以让读者通过案例的学习掌握设计的思维，以及使用3ds Max、VRay和Photoshop制作效果图的技法。

本书所有的学习资源均可下载，扫描封底的"资源下载"二维码，关注"数艺社"的微信公众号，即可获得资源文件的下载方式。希望读者通过本书的学习，能够了解创客空间，设计出更为优秀的作品。由于作者水平有限，书中难免会有一些疏漏之处，希望能够谅解，在此表示深深的感谢！

任媛媛

2018年9月

目录

目录

目录

|||||||||||||||||||||||||||||||||| 第 1 章

创客空间概述

01

1.1 何为创客空间

"创客"一词源于英文单词hacker，并非指电脑领域的黑客，而是指有赢利目标，且努力将各种创意转变为现实的人。创客喜欢且享受创新，追求自身创意的实现，然而面对如何实现商业价值，或有棘手的问题需要帮助时，有些人却无处下手。创客空间就为创客提供了实现创意思路、创意交流、产品线结合和创业咨询等功能的社区平台。

在互联网的助推下，创客逐渐汇聚于各类创客空间，推广、展示作品并互相学习，进而形成社交群体。近年来，随着全民创业时代的到来，承载着创业者梦想的各类创客空间接踵而至，但创客空间作为新兴事物，在我国还处于起步阶段。

1.2 创客空间的类型

伴随着不同需求的创业人群，不同类型的创客空间也应运而生。以现在社会上的各种创客空间为例，大致可以分为5种类型。

1.2.1 办公类

这类创客空间集合了完整的办公空间，以整租或工位单租的形式存在于写字楼或者商住楼中。这种类型的创客空间在地产界比较常见，例如国内知名的优客工场、SOHO 3Q和MOffice等，都是以提供创业者办公空间为目的的创客空间，如图1-1所示。

图1-1

1.2.2　培训辅导类

这类创客空间利用大学教育资源或者创客空间经营者的人脉资源，以理论结合实际的培训体系为依托，为创客们提供创业的各种技能培训，其培训内容包括如何管理公司、销售产品和推广产品等。这种类型在大学或者专业创客空间中常见，例如国内知名的清华X-lab等，如图1-2所示。

图1-2

1.2.3　展览类

这类创客空间是以产品交流为主的场所，会定期举办项目展示、发布和路演等创业聚合活动。例如国内知名的柴火空间、上海新车间等，如图1-3所示。

图1-3

1.2.4　研发类

这类创客空间是为创客提供新产品研发的场所，常见于各类校园和一些研发机构，如图1-4所示。

图1-4

1.2.5　其他类

除了以上4种，还有宣传类、服务类和综合类的创客空间。宣传类和服务类适用于一般的办公空间，并不是本书表现的重点，因此没有安排案例进行讲解。综合类空间会融合两种或两种以上的功能于一体，没有特定的表现形式。在本书的案例中，介绍了不同形式的办公类、培训类、展览类和研发类创客空间。

1.3 创客空间的特点

创客空间相比于其他类型的空间，具有很多独特的地方，大致可以归纳为5个。

1.3.1 交流性

无论是哪种类型的创客空间，交流性是其一个显著的特点。创客空间很少具有封闭性，都具有较为通透的结构，这就为创客们进行交流提供了很大的便利，虽然在空间功能上有一些划分，但不影响各个功能区进行互动。

以最常见的办公空间为例，它摒弃了传统的办公格子间，而是采用相对自由的办公位集中办公，如图1-5所示。

图1-5

1.3.2 展示性

创客的产品通过展示从而找到合作的伙伴、投资人和销售渠道，展示性就是必不可少的特点。

在宣传类和展览类的空间中这种特点尤为明显，但并不是说其他类的空间就不需要这样的特点，只是在空间的占比上会更少一些。创客空间的展示区如图1-6所示。

图1-6

1.3.3 设计感

创客空间是一种新兴空间，主要面向年轻的人群，设计感就成了这类空间的一个特点。

不同于传统的工装空间，创客空间在选材、造型和配色上都更有艺术感，不仅赏心悦目，还更能激发创客们的思维，如图1-7所示。

图1-7

1.3.4 激发性

创客空间不仅是为创客们提供办公的空间，也是能起到激发创客思维的空间。

在空间的装饰上，运用一些与创客工作相关的物件或图案，起到激发创客思维的目的，在一些研发类的创客空间中，这种特点尤为明显，如图1-8所示。

图1-8

1.3.5 多功能

大多数创客空间都具有多功能的特点。在目前国内创客空间集中的北京中关村创业大街，基本属于咖啡馆与办公相结合的类型，知名的创客空间3W就属于这种类型。

3W咖啡馆是一座3层小楼。一楼咖啡馆除了基本的咖啡售卖功能，还能方便创业者进行创业方面的交流；二楼培训类的空间，提供创业者专业方面的培训；三楼则是创客的办公室，提供创业者办公的工位。像这样多功能的创客空间是目前部分创客空间的代表，也是笔者要着重讲解的地方。

创客空间除了与咖啡馆进行结合，还与图书馆、水吧、艺术馆等空间进行结合。图1-9所示是武汉大学图书馆的创客空间。

图1-9

1.4 创客空间的主要风格

创客空间作为一种新型场所，并不是时下的每一种风格都适用。以下4种风格是创客空间常见的类型。

1.4.1 现代风格

现代风格是创客空间中比较常见的空间风格。现代风格的空间通透、结构简单和颜色富有跳跃性等一系列特点都可满足创客们的需要。图1-10所示是现代风格的创客空间。

图1-10

1.4.2 工业风格

工业风格是一种拥有显著特点的空间风格，水泥、墙砖和金属等基础材料的大量运用，配合黑白灰色调，造就了不一样的视觉享受，深受年轻人群的喜爱。

在创客空间中，工业风格也是运用较多的风格，与咖啡馆、图书馆等空间也能进行很好的结合。图1-11所示是工业风格的创客空间。

图1-11

图1-11（续）

1.4.3 新中式风格

近年来，新中式风格也逐渐成为年轻人喜爱的空间风格。相较于上面两种风格，新中式风格更具有质感和格调，因此一些从事设计类、艺术类和传统手工艺类的创客更钟爱这种风格。

新中式风格不仅有传统中式的雕花造型，还兼具现代风格的通透大气，图1-12所示是新中式风格的创客空间。

图1-12

1.4.4 北欧风格

　　北欧风格类似于现代风格。相对于现代风格，北欧风格的颜色更加清淡，造型也更加简单。

　　北欧风格的空间善于利用自然采光，从而减少室内光源的使用。北欧风格使用的材料很少，相比于其他风格造价更低。图1-13所示是北欧风格的创客空间。

图1-13

第 2 章

现代风格创客咖啡厅

视频长度：01:42:31

2.1 现代风格空间的特点

　　本案例的创客空间是将一间临街店铺改造成咖啡厅，同时提供创客办公交流的区域。由于店铺空间狭长、面积不大，在布置上就需要充分利用每个角落以容纳更多的人。现代风格空间简洁大方，没有过多繁复的造型，是适合本案例的空间风格。本节将为读者讲解现代风格空间的特点。

2.1.1 通透的空间

　　现代风格的空间很通透，没有多余的隔断和造型，通透的空间更利于引入自然光，从而减少室内光源的使用，如图2-1所示。

图2-1

2.1.2 整体简洁的造型

现代风格无论是硬装、软装还是家具，都很少使用复杂的造型，即便是吊顶、石膏线和踢脚线，都会使用很简单的直线型进行装饰，如图2-2所示。

图2-2

2.1.3 家居功能性设计

现代风格的家居不仅要注重自身的美观，还需要具备功能性设计，也就是家居的实用性和舒适性。某些风格家居，往往注重美观性，忽视了实用性和舒适性，而现代风格则是将两者更好地进行结合，如图2-3所示。

图2-3

2.1.4　色彩明快跳跃

　　现代风格的空间主体多以白色为主色调，但这并不意味着空间颜色就会显得单调。在现代风格的空间中，常常使用一些色彩明快的软装进行点缀，让空间看起来不死板，同时提升了空间的层次感，如图2-4所示。

图2-4

2.1.5　丰富的创意饰品

　　现代风格的饰品是空间中的亮点，无论是灯具、摆件、造型，还是一些创意家居，都能为空间增加氛围，让空间看起来不会那么生硬，如图2-5所示。

图2-5

2.2　案例设计思路

　　有了上一节介绍的现代风格的基础知识，就可以着手进行场景的设计。场景的外体框架、屋顶和地面是按照店铺原有的结构进行建模。有了场景整体框架后，作者决定从场景结构划分和模型素材的选择与摆放着手进行前期的制作。

2.2.1　咖啡区域与创客空间融合思路

　　图2-6所示是店铺原有的结构模型。店铺的面积大约为40m²，因此没有办法按照空间功能将其分成办公区和咖啡区两个区域，只能思考如何将这两个区域进行融合，既可以对外销售咖啡，也不影响创客们交流办公。笔者构思了以下两个方案。

图2-6

方案1：笔者考虑将店铺的拐角处作为咖啡的制作区域，放置吧台和制作咖啡的后厨，其余部分摆放桌椅作为顾客和创客们的座位，如图2-7所示。

方案2：笔者考虑在房间中心放置一个长的吧台，既可以作为咖啡销售的点餐收银区，也可以成为创客办公的工位，如图2-8所示。靠近门的一侧作为过道和创客的工作区域使用，而靠墙的一侧则作为咖啡制作区域。

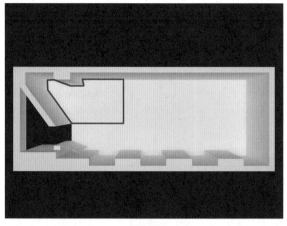
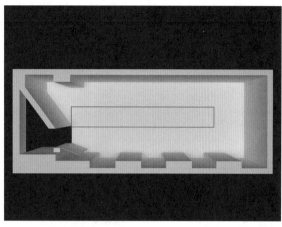

图2-7　　　　　　　　　　　　　　　　　　　　　　　图2-8

最终笔者选取方案2作为最终方案。方案2的优点是充分融合两个区域，没有形成明显的分隔，而且咖啡后厨的区域也相对宽裕；缺点是会相对减少一些座位。

2.2.2　选择模型素材

本案例是以咖啡厅为基础，将办公空间与咖啡厅合二为一，因此在选择素材时就需要参考这方面的图片。图2-9所示是现代风格的咖啡厅图片，可以作为我们选择素材时的参考。

图2-9

通过上面图片的提示，场景需要吧台、吧台椅、咖啡桌椅、壁挂架、招牌、咖啡机和灯具等模型。笔者在网上和自己储备的模型库中找到较为合适的模型单体，如图2-10所示。这些模型结构简单，没有复杂的造型线条，由于是整体模型组，可能会带有一些装饰模型。

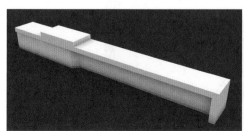

图2-10

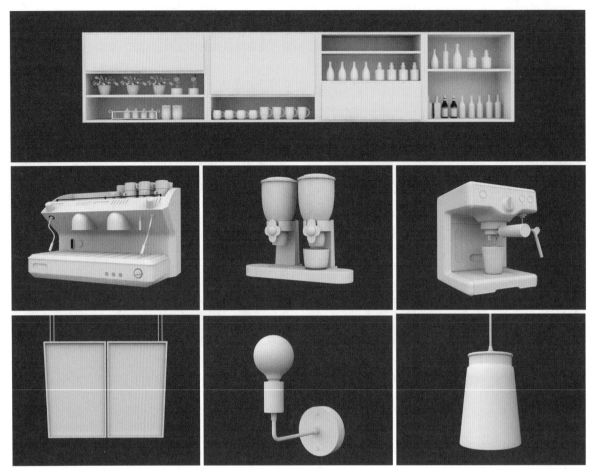

图2-10（续）

2.2.3 模型素材的摆放

选择好模型后，就可以按照2.2.1节中确定的方案进行摆放。

1. 吧台

按照2.2.1节中确定的方案，将吧台放置在房间的中间位置，靠门一侧为过道，另一侧为咖啡后厨，在吧台靠过道的一侧摆放吧台椅，如图2-11所示。

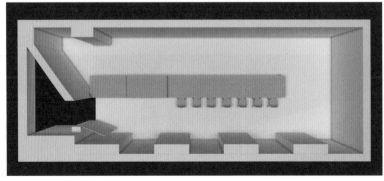

图2-11

2. 操作台

根据吧台的长度，笔者建模制作一个简易的操作台，下面附带柜子，如图2-12所示。

技巧与提示

读者也可以根据自己的喜好，在场景内摆放合适的模型，这里的柜子仅作为参考。

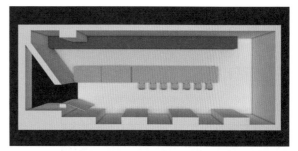

图2-12

3. 咖啡桌椅

按照上图的摆放情况，咖啡桌椅的位置只能在房间的最里侧。

方案1：将两组桌椅一横一竖进行摆放，如图2-13所示。笔者还曾想过将咖啡桌靠近过道一侧的墙壁摆放，但空间不够。

方案2：将两组桌椅靠墙摆放，如图2-14所示。这种摆放最大化地利用了空间，留出足够的过道，因此笔者选择了这种方案。

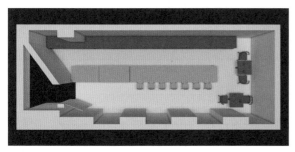

图2-13

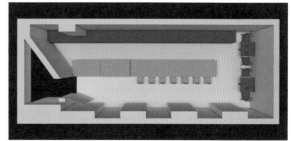

图2-14

4. 书柜

过道一侧的墙壁有很多柱子，笔者曾想将其填平，但后来发现可以将它们改造成一个个书柜摆放书籍，如图2-15所示。

5. 咖啡用品

将2.2.2节中选择的咖啡用品的素材导入场景并摆放，如图2-16所示。摆放方式仅作为参考，读者可根据自己的喜好进行安排，并没有严格的标准。

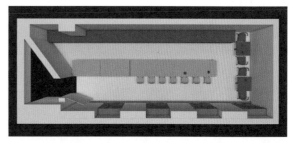

图2-15

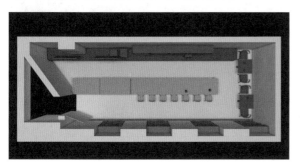

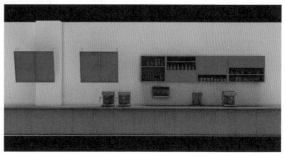

图2-16

6. 吊灯和壁灯

吊灯的位置位于吧台的上方，壁灯则贴着过道和内侧的墙壁，如图2-17所示。

7. 壁画和植物

房间中的模型素材基本上摆放完毕，最后需要摆放一些装饰性的模型。笔者选择两幅壁画和一些植物进行点缀，如图2-18所示。

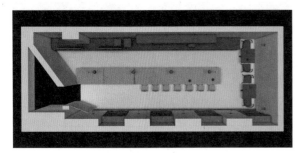

图2-17

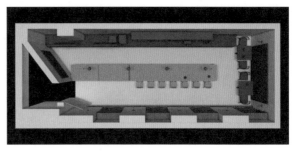

图2-18

至此，场景中的模型全部摆放完成，读者可参照设计思路设计自己喜欢的效果。

2.3 灯光创建

灯光是场景制作中很重要的一部分，可以明确场景的时间和氛围。本案例更注重体现场景的真实感，需要按照现实生活的光照规律布置场景中的灯光。

2.3.1 增加吊顶

原有的屋顶是一个基础的平顶，如图2-19所示，整个空间看起来过于生硬，笔者决定增加吊顶使空间看起来更具有层次感。

添加的吊顶使用横和竖两种长方体进行分隔，不仅让空间看起来更高挑，还可增加射灯，如图2-20所示，当然读者也可以根据自己的喜好选择其他形式的吊顶或者不加吊顶。

图2-19

图2-20

2.3.2 添加环境光

下面为场景添加环境光，模拟现实生活中的自然光照效果。"VRay天空"贴图和"VRay穹顶灯光"都可以模拟自然光照，这里笔者按自己的制作习惯，选择"VRay天空"贴图进行模拟。

01 在"环境和效果"面板中加载一张"VRay天空"贴图，如图2-21所示。

02 将上一步加载的"VRay天空"贴图实例复制到"材质编辑器"中，然后勾选"指定太阳节点"选项，接着设置"太阳强度倍增"为0.03、"太阳大小倍增"为5.0、"天空模型"为Preetham et al.，如图2-22所示。

图2-21

图2-22

03 给场景模型整体添加白色的覆盖材质，然后测试渲染效果，如图2-23所示。因为整个空间的自然采光只能依靠入户门这一个区域，因此室内环境非常暗。

图2-23

2.3.3 丰富灯光层次

01 添加自然光源后，可以观察到场景的灯光是没有层次感的，体现不出空间的结构。笔者决定在门外增加一盏灯，模拟环境光照射到屋内的效果，丰富灯光层次，如图2-24所示。

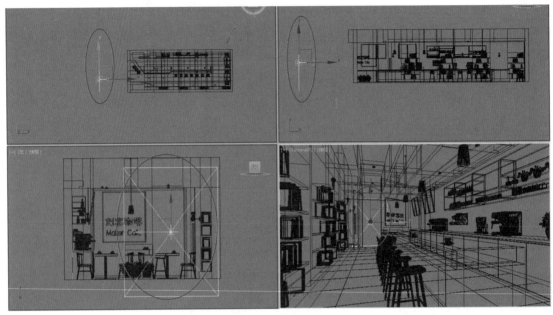

图2-24

02 灯光的大小能遮挡住入户门即可，"颜色"设置为纯白色，"倍增"暂时设置为3.0，如图2-25所示。

技巧与提示

> 这里的灯光都勾选了"不可见"选项，在视图中不会渲染出灯片的形状。

图2-25

03 按快捷键Shift + Q测试渲染效果，如图2-26所示。此时光线从门口射入屋内，不仅增加整体空间的亮度，也提升了层次感，但整体亮度还是较弱。继续增加灯光的"倍增"数值，将"倍增"设置为5.0，渲染效果如图2-27所示。

图2-26

图2-27

2.3.4 添加室内光源

下面布置室内光源。室内光源布置的原则是按照光源的实际位置进行布置，不能为了场景的亮度随意添加不存在的补光。

1. 添加吊灯光源

01 在吊灯内创建球形灯光，模拟吊灯的灯泡，然后以"实例"形式复制到其余吊灯内，位置如图2-28所示。

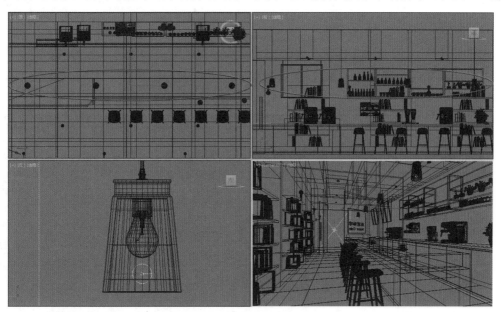

图2-28

02 灯光的大小不要超过灯罩即可，然后设置"颜色"为暖黄色、"倍增"为500.0，如图2-29所示，渲染效果如图2-30所示。

03 观察渲染效果，发现灯光强度有些强，这样就无法在场景中添加其余的灯光。将"倍增"设置为300.0，然后进行测试渲染，如图2-31所示，此时的亮度就合适了。

图2-29

图2-30   图2-31

技巧与提示

灯光的颜色也可以直接设置"温度"数值，这样会更接近现实的光照效果。

2. 添加壁灯光源

01 继续用球形灯光模拟壁灯的灯泡，然后以"实例"形式复制到其余壁灯模型上，位置如图2-32所示。

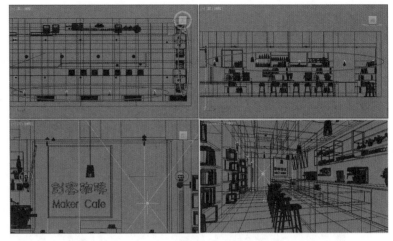

图2-32

02 灯光范围的大小可以比灯泡大一些，或者包裹住外部的灯罩。笔者这里设置灯光范围包裹住灯罩、"温度"为3000.0、"倍增"为100.0，如图2-33所示，渲染效果如图2-34所示。

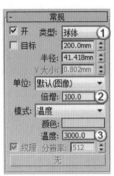

图2-33

图2-34

技巧与提示

灯光的"温度"就是我们生活中所说的"色温"。通常所说的暖黄光色温在2700~3200K，自然光色温在4000~5500K，冷白光色温在6000~8000K。

图2-35所示是一张色温数值的参考图。

图2-35

3. 添加射灯光源

01 用"目标灯光"模拟射灯的灯光，然后以"实例"形式复制到其余射灯模型下方，灯光位置如图2-36所示。

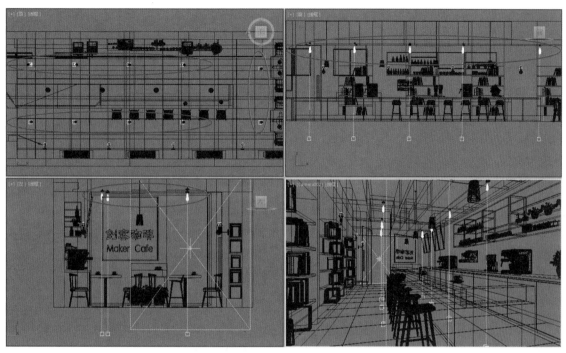

图2-36

02 为"目标灯光"添加"北玄射灯好用.ies"灯光文件模拟射灯效果，灯光的"过滤颜色"设置为浅黄色，"强度"大致设置为1000.0，如图2-37所示，渲染效果如图2-38所示。

图2-37

图2-38

技巧与提示

所有的灯光数值都不一定是最终渲染成图时的数值，会根据材质效果进行一定的调整。

2.4 材质创建

材质是体现设计风格的重要一环，每种设计风格都会拥有自己特定的建筑材质和色彩搭配。掌握了每种风格的特点，才能让我们在设计不同建筑空间时更加得心应手。

书中所提供的材质参数仅作为参考，读者可根据材质原理设置自己喜欢的效果。

2.4.1 墙面类

现代风格的空间墙面多使用纯色乳胶漆，本节将根据场景确定墙面使用的材质类型。

1. 墙面使用的材质

墙面颜色是确定场景主体色调的一个关键点。本案例的空间面积狭小，不宜使用过深的颜色装饰墙面，否则会显得空间更加狭小，因此笔者决定墙面整体使用白色乳胶漆。由于在过道一侧的墙面做了书架结构，不能全部使用白色乳胶漆，需要用另一种材质将其区分出来，笔者决定使用木质材质。

2. 木质的位置

根据前面分析的结果，需要将书架部分用木质处理，笔者这里做了两个草图方案。

方案1：仅将书架的分隔部分和踢脚线做成木质，如图2-39所示。

方案2：将分隔部分上方的墙面也贴上木质，如图2-40所示。

图2-39

图2-40

笔者最终选择方案2，这样墙面看起来更加丰富一些。如果读者有更好的想法，不妨尝试制作。

3. 木质

制作木质材质，首先需要寻找合适的木质贴图。

贴图处理

图2-41所示是笔者选择的木质贴图，但颜色有些偏深，将贴图导入Photoshop中调整色阶和对比度，得到如图2-42所示的效果。

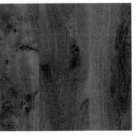

图2-41

图2-42

木质反射不强，呈现亚光效果，具体参数设置如图2-43所示，材质球效果如图2-44所示。

材质参数

① 在"漫反射"通道中加载处理后的木质贴图。

② 设置"反射"的颜色为45左右的灰度，然后设置"高光光泽"为0.6~0.65、"反射光泽"为0.9左右。这样木质既呈现亚光效果，又不会显得表面粗糙。

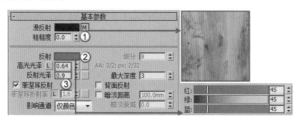

图2-43   图2-44

4. 白色乳胶漆材质

白色乳胶漆材质具有低反射和粗糙这两个特点。这里笔者使用乳胶漆最简单的做法是，设置"漫反射"为220左右的灰度，如图2-45所示，材质球效果如图2-46所示。

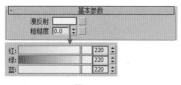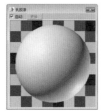

技巧与提示

虽然是白色乳胶漆，但在设置材质颜色时不能将其设置为纯白色。纯白色的材质在灯光照射下，会让墙面局部曝光发白，无法在后期中进行修补。所有的白色材质，一般都设置为灰白色。

图2-45   图2-46

5. 材质效果展示

将材质赋予划分好的模型区域，然后测试渲染效果，如图2-47所示。

图2-47

2.4.2 地面类

现代风格的地面材质可以有很多种选择，比如常见的木地板、瓷砖，甚至是水泥，本节将确定地面使用的材质。

1. 地面材质方案

笔者事先绘制了两个草图方案。

方案1：通铺深色地砖，大致效果如图2-48所示。

方案2：通铺木地板，大致效果如图2-49所示。

图2-48 图2-49

笔者觉得深色地砖显得过于冰冷，因此决定采用方案2，通铺木地板。

2. 木地板

木地板材质有一定的反射，但表面不光滑，具体材质参数如图2-50所示，材质球效果如图2-51所示。

材质参数

① 在"漫反射"通道中加载木地板的贴图。

② 设置"反射"颜色为100左右的灰度，增强木地板的反射。

③ 设置"高光光泽"为0.7左右、"反射光泽"为0.8左右。

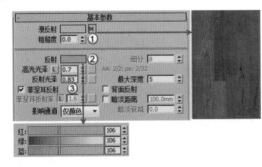 

图2-50 图2-51

3. 材质效果展示

将材质赋予模型，然后测试渲染效果，如图2-52所示。

图2-52

2.4.3 吊顶类

本案例中的吊顶是由横向和纵向两个方向的吊顶组成，笔者决定用两种材质进行表现。

1. 吊顶使用的材质

在现代风格中，吊顶的颜色一般不会深于墙面，这样会显得空间过于压抑。笔者决定面积大的纵向吊顶使用白色乳胶漆，面积小的横向吊顶使用木质，示意效果如图2-53所示。

2. 材质效果展示

由于白色乳胶漆材质和木质材质在前面已经讲解过，这里就不再赘述。将两种材质分别赋予划定的模型区域，然后渲染场景效果，如图2-54所示。

图2-53   图2-54

2.4.4 柜体类

下面对场景中的吧台、操作台和吊柜模型确定相应的材质。

1. 吧台材质划分

吧台作为场景中最大的模型，如果使用单一材质会显得画面单调，笔者计划在吧台上使用两种材质。在场景现有的材质中基本是浅色，因此会在吧台中添加一些深色，大致的材质划分如图2-55所示。

图2-55

2. 黑漆

笔者选择了黑漆材质，当然读者也可以选择其他深色的材料，比如亚克力、黑钛和黑色大理石等。黑漆呈半亚光效果，具体参数如图2-56所示，材质球效果如图2-57所示。

材质参数

① 设置"漫反射"为灰度10左右的黑色。没有使用纯黑色，这样显得材质质感更好。

② 设置"反射"颜色为灰度65左右的灰色，然后设置"反射光泽"为0.8左右。"反射光泽"的数值不宜设置过小，不然会显得材质没有质感。

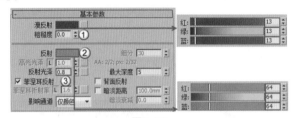 

图2-56　　　　　　　　　　　　　　　　　　　　图2-57

3. 操作台材质划分

操作台的材质与吧台一样，都是由黑漆和木质组成。台面部分是黑漆，柜体部分是木质，示意效果如图2-58所示。

图2-58

4. 材质效果展示

吧台剩余的台面、吧椅和吊柜柜体都使用木质材质。直接将木质材质球赋予模型，并调节贴图坐标即可。测试渲染效果，如图2-59所示。

图2-59

技巧与提示

吊柜上附带的装饰模型自身带有材质，可以直接使用。

2.4.5 桌椅类

本节需要确定咖啡桌椅的材质。

1. 咖啡桌椅材质划分

咖啡桌由桌面和桌腿两部分组成。桌面部分笔者决定使用木质，桌腿部分使用黑漆，这样可以与吧台相呼应。咖啡椅则是由坐垫和椅子两部分组成，椅子部分同吧台椅一样使用木质，而坐垫则使用颜色较鲜艳的布纹，示意效果如图2-60所示。

图2-60

2. 坐垫

制作坐垫材质，首先需要选择合适的布纹贴图。

贴图处理

笔者从贴图库中找到一张布纹的纹理贴图，如图2-61所示。由于是灰色的贴图，不符合前面设想的彩色布纹，需要在Photoshop中进行调整。

将贴图导入Photoshop中添加颜色，这里使用了饱和度不高的绿色，调整后的效果如图2-62所示。

图2-61　　　　　　　　图2-62

技巧与提示

笔者使用绿色图层与原有灰色布纹图层进行"柔光"模式的混合，得到绿色的布纹效果。

坐垫是布料类材质，反射度低且表面相对粗糙，具体材质参数如图2-63所示，材质球效果如图2-64所示。

材质参数

① 在"漫反射"通道中加载绿色的布纹贴图。

② 设置"反射"为20左右的灰度，然后设置"反射光泽"为0.6左右。

③ 在"凹凸"通道加载原有的灰色布纹贴图，然后设置"凹凸"通道量为40~60。这样布纹就产生纹理的凹凸感，显得更加真实。

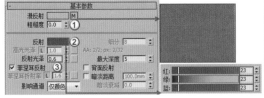

图2-63

图2-64

3. 材质效果展示

木质材质和黑漆材质在前面的模型中已经使用过，可以直接为模型赋予材质。将布纹材质赋予坐垫，并调整好贴图坐标，测试效果如图2-65所示。

图2-65

2.4.6 灯具类

本案例中的灯具包括吊灯、壁灯和射灯3种，由于射灯模型自带的不锈钢材质符合场景需求，这里不再调整。

1. 壁灯颜色修改

从外部导入的壁灯模型自带材质，渲染效果如图2-66所示。

金属色的灯架不符合整个场景的配色，需要将其进行修改。这里笔者将灯架修改为黑色金属，渲染效果如图2-67所示。

技巧与提示

从外部导入的模型基本都带有材质和贴图，在制作场景时可以在模型自带的材质贴图的基础上进行修改，这样不仅能极大地提升制作效率，还能为制作者减少制作步骤。

图2-66   图2-67

2. 吊灯材质修改

壁灯原有的材质是纯白色的灯罩，渲染效果如图2-68所示。

笔者觉得纯白色的灯罩显得过于简单，需要为其加上一些纹理。材质参数如图2-69所示，材质球效果如图2-70所示。

材质参数

① 设置"漫反射"为灰度235左右的灰白色。

② 设置"反射光泽"为0.6左右。

③ 在"反射"通道和"反射光泽"通道中加载一张黑白纹理贴图，这张贴图可以使灯罩的表面有不同反射度的斑点效果。

④ 设置"反射"通道量为50.0、"反射光泽"通道量为80.0。

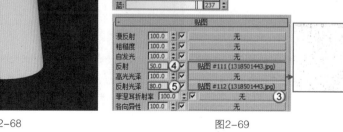

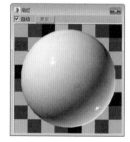

图2-68   图2-69   图2-70

3. 材质效果展示

将修改好材质的灯具模型进行渲染，如图2-71所示。

图2-71

2.4.7 装饰类

本节将讲解剩余一些小的装饰类材质，需要根据测试情况进行一部分调整。

1. 玻璃门

为了最大限度地利用自然光源，场景中的入户门使用全玻璃结构，配备金属把手，测试效果如图2-72所示。

2. 咖啡用品、壁画及书籍

咖啡用品使用模型本身的材质，壁画的材质需要找一些跟咖啡有关的贴图，书籍的材质需要找一些相关的贴图，测试渲染效果如图2-73所示。

图2-72   图2-73

技巧与提示

当场景材质基本赋予完成时，就会发现测试图的灯光强度降低了，画面很暗，这是因为前期建立灯光时，所有的材质都是白色的覆盖材质，反射很强。当场景中赋予深色、反射度低的材质后，就会显得原有的灯光强度不够，需要根据测试渲染的效果，在原有灯光的基础上适当增加灯光强度。

3. 外景贴图

在上图中，门外是"VRay天空"贴图呈现的纯色，没有真实感，需要在门外建立一个平面，然后赋予外景贴图。外景贴图一定要符合环境，本案例的外景贴图就需要找一张带马路的外景，如图2-74所示。

具体材质参数如图2-75所示，材质球效果如图2-76所示。

材质参数

① 在"VRay灯光"材质中设置贴图强度为2.0。

② 在通道中加载环境贴图。

图2-74   图2-75   图2-76

4. 材质效果展示

笔者在门外制作了一组室外地面，这部分模型读者参考即可，并不是必须要做的部分。最后在吧台和咖啡桌上摆放电脑，这些位置就是提供给创客的工位，测试渲染效果如图2-77所示。

图2-77

2.5 渲染与后期处理

材质设置完毕后，根据测试结果调整灯光参数。在场景中任意设置几个镜头，渲染效果如图2-78所示。

图2-78

技巧与提示

本书没有详细讲解渲染的参数，这里笔者提供一组最终渲染成图的参数供读者参考。

1. 主图的"输出大小"为3000×2250，局部图的"输出大小"为2500×1875。不同比例的效果图，尺寸会有一些差异。

2. "图像采样器（抗锯齿）"的"类型"为"渲染块"，如图2-79所示。

图2-79

3. "渲染块图像采样器"的"最小细分"为1、"最大细分"为4、"噪波阈值"为0.005，如图2-80所示，这样基本不会产生噪点。

4. "图像过滤器"的类型为Mithell-Netravali，如图2-81所示。场景中的一些镜头带有景深效果，选用这种略带模糊效果的过滤器更为合适。

图2-80

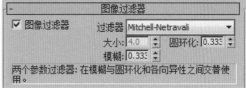

图2-81

5. 笔者没有勾选"全局确定性蒙特卡洛"的"使用局部细分"选项，这样场景中的材质细分和灯光细分都为"最小采样"的16，避免了一些自带材质中较大的细分数值造成渲染速度过慢的现象。"自适应数量"为0.85、"噪波阈值"为0.005，这两个值保持默认即可，如图2-82所示。

6. "颜色贴图"的"类型"为"莱因哈德"，然后设置"加深值"为0.6，如图2-83所示。这样画面就不会出现曝光现象，也不会显得特别灰。

图2-82

图2-83

7. "全局照明"的"首次引擎"为"发光图"，"二次引擎"为"灯光缓存"，如图2-84所示，这也是效果图最常见的引擎组合。

8. "发光图"的"当前预设"为"低"，如图2-85所示。虽然图片的输出尺寸很大，但笔者并没有使用常见的"中"预设，而且也没有提前渲染发光图文件。

9. "灯光缓存"的"细分"设置为600，如图2-86所示。同"发光图"一样，"灯光缓存"也没有提前渲染缓存文件，且设置的参数很低。

图2-84

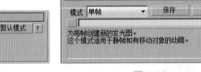
图2-85

图2-86

那么有读者可能会有疑问，这样低质量的参数渲染出来的成图为什么很清晰，基本看不到噪点？这就是笔者下面要讲到的VRay渲染器非常实用的新功能"VRay物理降噪"。

10. 在"渲染元素"面板中单击"添加"按钮，然后找到VRayDenoiser，接着添加到面板中，如图2-87所示。

11. "VRay降噪参数"的"预设"设置为"自定义"，如图2-88所示。降噪的步骤会在成图渲染完毕后进行，其效果会覆盖原有的成图。需要注意的是，VRay物理降噪是VRay 3.40版本才有的功能，之前版本的VRay渲染器还是需要提高渲染参数进行渲染。

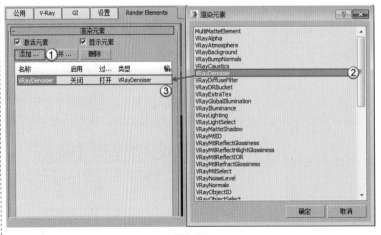
图2-87

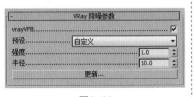
图2-88

将渲染好的成图导入Photoshop中进行后期处理。以镜头1为例简单讲解后期处理的一些要素，案例制作过程中的参数仅供参考。

01 将图片导入Photoshop，然后复制一层，如图2-89所示。

图2-89

02 打开"色阶"对话框进行调整，参数如图2-90所示，效果如图2-91所示。虽然本案例整体灯光偏暗，但在前期灯光创建时就有灯光层次，在后期中整体提亮图片即可。

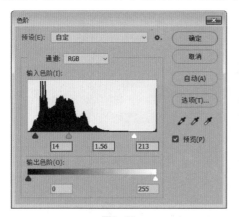

图2-90

图2-91

03 观察到画面整体偏黄，需要进行颜色修正。打开"色彩平衡"对话框，然后调整使整体画面偏冷一点，如图2-92所示，效果如图2-93所示。

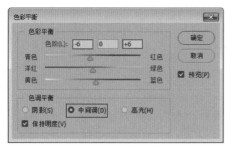

图2-92

图2-93

04 打开"自然饱和度"对话框，然后设置"自然饱和度"为–10，如图2-94所示，效果如图2-95所示。降低一点饱和度可以使画面看起来更加真实。

图2-94

图2-95

05 按照以上方法对其他镜头进行调整，效果如图2-96所示。

图2-96

第 3 章

工业风格创客办公室

视频长度：01:38:35

3.1 工业风格空间的特点

　　本案例是将原有的仓库进行改造，成为集办公和休闲功能于一体的创客空间。根据原有的仓库结构和空间功能，决定将该创客空间设计为工业风格。在设计工业风格的创客空间之前，先了解一下工业风格有哪些特点。

3.1.1 黑白灰的色彩搭配

　　黑白灰色系十分适合工业风格。黑色神秘冷酷、白色优雅轻盈，将两者混搭交错又可以创造出更多的层次变化。在搭配室内装潢与家具的颜色时，选用纯粹的黑白灰色系，可以让空间更有"工业风"的感觉，如图3-1所示。

图3-1

3.1.2 用砖墙取代粉刷墙面

砖块与砖块中的缝隙可以呈现有别于一般墙面的光影层次，而且还能在砖面上进行粉刷，不管是涂上黑色、白色或者灰色，都能带给空间一种老旧却又摩登的视觉效果，十分适合工业风格的粗犷氛围，如图3-2所示。

图3-2

3.1.3 原始的水泥墙面

比起砖墙的复古感，水泥墙更有一分沉静与现代感。身处于水泥建构的空间内，整个人都不由得放慢脚步，呼吸冰冷的空气，享受室内的静谧与美好，如图3-3所示。

图3-3

3.1.4 裸露的管线

传统的空间装潢有一项重点，就是管线的配置要如何安排，如何隐藏才会让人察觉不到它们的存在，但是工业风格却反其道而行，不刻意隐藏各种水电管线，而是通过位置的安排以及颜色的配合，将它们化为室内的视觉元素之一，这种颠覆传统的装潢方式往往也是吸引人之处，如图3-4所示。

图3-4

3.1.5 金属制家具

说到塑造工业风格的材料，金属大概会是脑中呈现的第一种素材。金属是种强韧又耐久的材料，从工业革命开始以后，人类的生活中就不断地出现金属的生活用品。不过纯金属显得过于冰冷，可将金属与木质做混搭，既能保留空间的温度又不失粗犷感，如图3-5所示。

图3-5

3.1.6 木头的搭配

工业风的家具常有原木的痕迹，许多铁制的桌椅会用木板作为桌面或者椅面，如此一来就能够完整地展现木纹的深浅与纹路变化，尤其是老旧、有年份的木料所制作的家具更有质感，如图3-6所示。

图3-6

3.1.7 灯具与灯泡

金属骨架及双关节灯具，是最容易创造出工业风格的好物，如图3-7所示。

图3-7

3.2 案例设计思路

有了上一节介绍的工业风格的基础知识，就可以着手进行场景的设计。场景的外体框架、屋顶和地面是按照仓库原有的结构进行建模。有了场景整体框架后，笔者决定从场景结构划分、模型素材的选择与摆放着手进行前期的制作。

3.2.1 划分办公区域和休闲区域

整个仓库是一个平层结构，原本有一间单独隔离的小房间，笔者决定保留该空间作为创客们的会议室，剩余的空间则要包含办公与休闲两个功能。

图3-8所示是仓库原有结构的模型，进行空间区域划分后，靠墙的部分作为办公区域，靠窗的部分作为休闲区域。

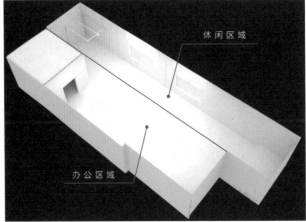

图3-8

1. 办公区域

办公区域位于房间左侧，原因有以下两点。

第1点：左侧为靠墙的一端，远离门窗，不会受到过多室外噪声的干扰，有利于创客们的工作。

第2点：会议室也在左侧，这样创客们在办公时的活动就不会影响到休闲区域。

2. 休闲区域

休闲区域位于房间右侧，原因有以下两点。

第1点：右侧有正门和后门方便出入，活动空间不会影响到创客们的正常办公。

第2点：右侧有门窗，采光和视野都非常好，适合休息放松。

3. 总结

基于上面的一些原因，空间最终被划分为如图3-8所示的效果。笔者曾想在划红线位置加一段玻璃隔断进行分隔，但空间横向距离不大，加装隔断后会浪费一定的空间，因此该方案作废。

3.2.2 选择模型素材

工业风格的空间当然要选择工业风格的素材。本案例是将办公空间与休闲空间合二为一，因此在选择素材时就需要参考这方面的图片，图3-9所示是工业风格的家具图片，可以作为我们选择素材时的参考。

图3-9

1. 休闲区域

通过上面图片的提示，休闲区域需要长沙发、圆桌椅组合、组合架和吧台模型。笔者在网上和自己储备的模型库中找到较为合适的模型单体，如图3-10所示。这些模型结构简单，没有复杂的造型线条，由于是整体模型组，可能会带有一些装饰模型。

图3-10

图3-10（续）

2. 办公区域

办公区域最主要的是办公桌椅组合，但文件柜这种模型也是必不可少的，还可以适当添加一些办公用品在场景中，如图3-11所示。

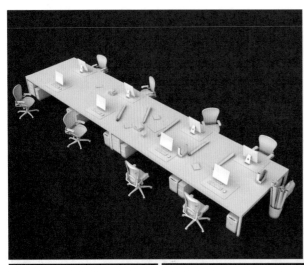

图3-11

3.2.3 模型素材的摆放

选择好模型后，就可以按照3.2.1节中划分的空间区域摆放模型。

1. 办公桌

首先摆放办公桌椅，模型是4个椅子为一组，笔者做了两种方案。

方案1： 将桌子分开摆放，如图3-12所示。在该方案中办公桌占用了房间大部分面积，相应地就减少了休闲区域的空间，显得空间有些狭小。

方案2： 将桌子拼起来形成一个长桌，如图3-13所示。在该方案中，拼合办公桌可以方便创客间的工作交流，无论是团队合作还是单独工作都非常方便，最重要的是留给休闲区域的空间较多，因此笔者选择了方案2。

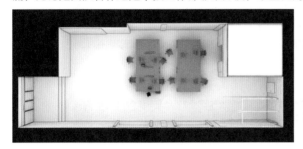

图3-12

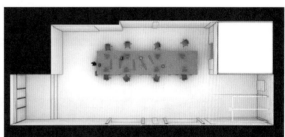

图3-13

2. 文件柜

确定好办公桌的位置，下面放置选好的文件柜模型。根据日常习惯，柜子都摆放在靠墙的位置，也就是左侧的墙壁边，如图3-14所示。将选择的模型单体进行组合，摆出高矮不同的造型，适当添加一些照片墙，既可以作为创客产品的展示媒介，又可以起到墙壁的装饰作用。

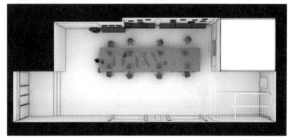

图3-14

3. 吧台

办公区域规划好后，接下来规划休闲区域。首先我们确定吧台的位置，笔者设想过3个方案。

方案1： 放在正门进门的位置，但这里是一个台阶不太合适，直接否定。

方案2： 放在办公桌背后，如图3-15所示。虽然可以将办公桌往后挪动一定位置，但这样做会影响办公，也不合适。

方案3： 笔者将目光投向会议室与后门之间的部分，尝试将吧台放在如图3-16所示的位置，发现非常合适，既可以利用后门，也不会影响办公区域。

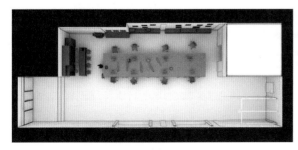

图3-15

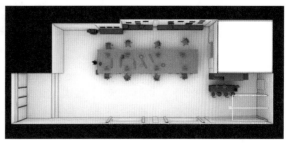

图3-16

4. 长沙发与圆桌

吧台确定后,接下来摆放长沙发和圆桌。对于这两个模型其实没有明确的规定,笔者做了3个方案进行对比。

方案1:将长沙发再复制一组,进行拼合,如图3-17所示,发现整个空间被塞得很满,不太合适。

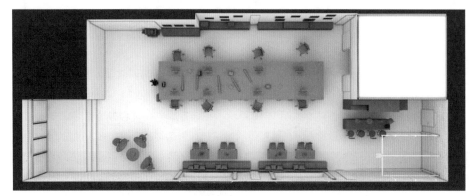

图3-17

方案2:复制一组圆桌,如图3-18所示,感觉整体有些呆板,也不是很合适。

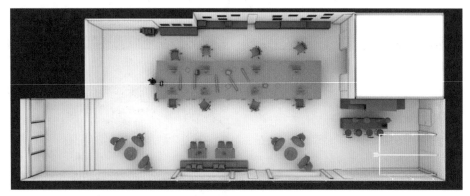

图3-18

方案3:搭配装饰模型配合桌椅,如图3-19所示,这样既不会感觉很满,又能使空间看起来更灵活。

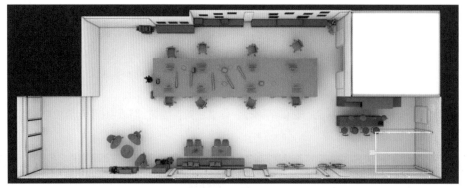

图3-19

5. 前台

笔者发现在办公桌后面还有一处空白区域,如图3-20所示。笔者考虑过放置文件柜进行填满,但觉得这样会显得沉闷,若是将这里设置为前台,不失为一个很好的选择。

选择一个前台模型摆放在办公桌后,剩余的空隙则放置一个置物架,如图3-21所示。这样这片空白的区域就得到了很好的利用。

图3-20　　　　　　　　　　　　　　　　　　图3-21

6. 吊灯

吊灯模型的安排非常有讲究，它是提供室内光源的地方。安装两组吊灯，左边一组在办公桌上方，右边一组在休闲区域的过道上方，如图3-22所示，这样就能最大程度地照亮整个场景。

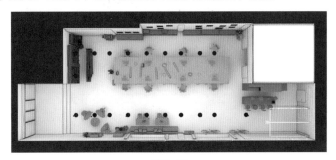

图3-22

至此，场景中的全部模型摆放完成，读者可参照设计思路设计自己喜欢的效果。

3.3 灯光创建

灯光是场景制作中很重要的一部分，可以明确场景的时间和氛围。本案例更注重体现场景的真实感，需要按照现实生活的光照规律布置场景中的灯光。

3.3.1 屋顶结构改造

根据参考图可以发现工业风格的整体色调偏暗，更依赖于自然光照。笔者在模型的屋顶加了4个天窗，提高自然光源的利用率，如图3-23所示。天窗加上原有的前后门以及两扇窗户，空间的自然采光已经足够。

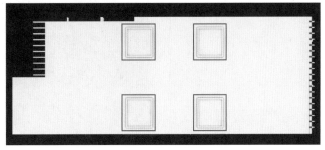

图3-23

3.3.2 添加环境光

下面为场景添加环境光，模拟现实生活中的自然光照效果。笔者按自己的习惯选择"VRay天空"贴图进行模拟。

01 在"环境和效果"面板中加载一张"VRay天空"贴图，如图3-24所示。

02 将上一步加载的"VRay天空"贴图"实例"复制到"材质编辑器"中，然后勾选"指定太阳节点"选项，接着设置"太阳强度倍增"为0.03、"天空模型"为"CIE阴天"、"间接水平照明"为2000.0，如图3-25所示。

> **技巧与提示**
>
> "CIE阴天"的天空模型为灰白色，更加符合阴天的效果。"间接水平照明"的数值可以控制天空模型的亮度，数值越小天空越灰暗。

图3-24

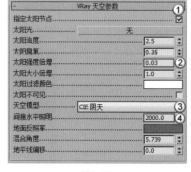

图3-25

03 给场景模型整体添加白色的覆盖材质，然后测试渲染效果，如图3-26所示。此时发现窗户和后门都没有透光，不符合预期的效果，这是因为在添加覆盖材质时，没有将窗户和后门的模型进行排除。

04 在"渲染设置"面板中单击"排除"按钮，如图3-27所示。然后在弹出的"排除/包含"对话框中将窗户和后门的模型移动到右侧窗口中，如图3-28所示。

05 此时再次测试渲染，效果如图3-29所示。

图3-26

图3-27

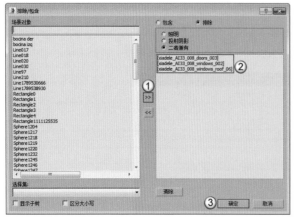

图3-28

图3-29

3.3.3 增加硬阴影

添加自然光源后，场景基本能按照笔者的想法呈现，但美中不足的是场景内的模型边缘都不清晰，有些地方甚至糊在一起，如图3-30所示。

图3-30

因为"VRay天空"贴图所投射的阴影边缘模糊，所以场景中缺乏边缘锐利的硬阴影，从另一方面来讲，"VRay天空"贴图的光照强度完全一致，整个空间没有明显的明暗对比。为了解决这一问题，就需要在门窗外添加平面灯光，使其在照射时模型产生边缘锐利的阴影，提亮靠近进光口区域的模型，从而加强模型的空间感。

1. 添加天窗环境光

01 使用"VRay灯光"工具在屋顶的天窗外创建一盏灯，然后"实例"复制3盏到其他天窗外，位置如图3-31所示。

02 灯光的大小与天窗大小差不多即可，"颜色"设置为纯白色，"倍增"暂时设置为3.0，如图3-32所示，渲染效果如图3-33所示。观察灯光效果，在天窗下方的模型明显多了很多硬阴影，模型边缘也更加清晰。

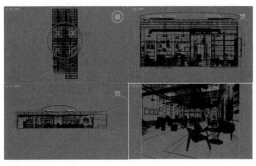

图3-31   图3-32   图3-33

> **技巧与提示**
>
> 由于"VRay天空"贴图发射的是白光，因此这里的灯光颜色也需要设置为白色。平面灯光是小面积模拟"VRay天空"贴图的发光效果，从而使阴影边缘锐利。

03 观察渲染效果，灯光颜色合适，但强度需要稍微加强一些，将"倍增"设置为4.0，渲染效果如图3-34所示。

图3-34

2. 添加窗外环境光

01 依照创建天窗灯光的方法在右侧的窗外创建平面灯光，大小与窗子大小差不多即可，"颜色"为白色，"倍增"设置为4.0，位置如图3-35所示，渲染效果如图3-36所示。

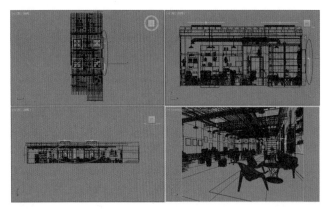

图3-35

图3-36

02 观察渲染效果，发现灯光的亮度比天窗的亮度要强。将"倍增"设置为3.0，然后进行渲染测试，效果如图3-37所示，此时的亮度就合适了。

 技巧与提示

因为"VRay天空"贴图的光照效果是均等的，因此灯片模拟的光照效果也要看起来差不多。

图3-37

3. 添加后门环境光

在后门外创建一盏灯，大小与门的大小合适即可，然后将"颜色"设置为白色，"倍增"设置为3.0，灯光位置如图3-38所示，渲染效果如图3-39所示，此时的效果已经合适。

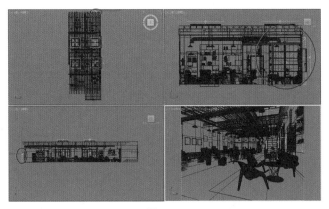

图3-38

图3-39

4. 添加正门环境光

最后在正门外创建一盏灯。为了让整个场景看起来更有纵深感和空间感，正门外的灯光强度会略强于其他灯光，这里暂时设置为5.0，灯光位置如图3-40所示，渲染效果如图3-41所示。

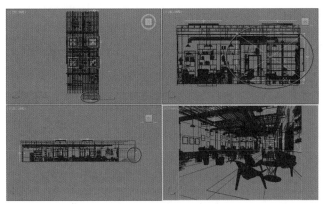

图3-40

图3-41

3.3.4 补充室内光源

自然光源创建完成后，就可以布置室内光源。

1. 创建室内光源的原则

真实的灯光效果，必须按照场景中产生光源的模型进行创建。在本案例的场景中，只有屋顶的吊灯是产生室内光源的模型，因此室内光源只能按照吊灯模型所在的位置进行创建，没有吊灯的地方不需要补充额外的灯光。

2. 创建吊灯光源的方案

创建吊灯的光源有以下3种方案。

方案1：使用"目标聚光灯"模拟灯光。

方案2：使用"球形灯光"模拟灯光。

方案3：使用"VRay灯光"材质模拟灯光。

在本案例中，场景是展现白天的灯光效果，室内光源会相对弱化，为了提高渲染速度，这里使用"VRay灯光"材质模拟吊灯灯光。

3. 创建吊灯光源

01 打开"材质编辑器"，将一个空白材质球转换为"VRay灯光"材质，然后设置"颜色"为浅黄色、强度为2.0，如图3-42所示。

02 将材质球赋予灯泡模型，然后测试渲染效果，如图3-43所示。

技巧与提示

灯光的颜色也可以设置为纯白色，这里不做强制要求。

图3-42

图3-43

03 观察到渲染场景没有变化，是因为灯泡模型并没有在覆盖材质中被排除。排除后再次进行渲染，效果如图3-44所示。

04 发现场景整体偏亮，降低贴图的发光强度为1.0，渲染效果如图3-45所示。

图3-44

图3-45

技巧与提示

案例中提供的灯光参数仅作为参考，具体数值请读者根据本机渲染的效果进行确定。灯光测试的目的是让模型具有明暗和体积感，不要让模型糊在一起。

3.4 材质创建

材质是体现设计风格的重要一环，每种设计风格都会拥有自己特定的建筑材质和色彩搭配，掌握了每种风格的特点，才能让我们在设计不同建筑空间时更加得心应手。

书中所提供的材质参数仅作为参考，读者可根据材质原理设置自己喜欢的效果。

3.4.1 墙面类

工业风格的墙面材质多用红砖、乳胶漆等材料，本节将根据场景确定墙面使用的材质类型。

1. 墙面使用的材质

墙面颜色是确定场景主体色调的一个关键点，在3.1节中介绍了工业风格的墙面更多的是使用砖墙或者水泥墙面。本案例仓库的墙体就是红砖砌成的，直接就地取材减少了成本的投入，但场景中整体墙面都为砖墙又未免太单调，需要用其他材质将其区分，根据3.1节中的参考图，将墙面确定为由砖墙和白色乳胶漆组成。

2. 白色乳胶漆的位置

怎样将白色乳胶漆与红砖相结合就是墙面设计的重点。图3-46所示是笔者划分出的白色乳胶漆的范围，这部分是办公区域所对应的位置，若是将这面墙全部刷上白色乳胶漆会显得有些单调。保留原有柱子的墙砖，并把进门的楼梯平台部分刷成白色乳胶漆，除此以外的部分都保留原有的墙砖结构。

图3-46

3. 砖墙

制作砖墙材质，首先需要寻找合适的砖墙贴图。

贴图处理

图3-47所示是笔者找的红砖贴图，但与理想的效果有一定差距。将贴图导入Photoshop中，调整色阶和对比度，得到如图3-48所示的效果。

根据上面处理好的贴图，去色并调整对比度，得到如图3-49和图3-50所示的效果。这两张贴图将作为砖墙材质的凹凸贴图和反射贴图。

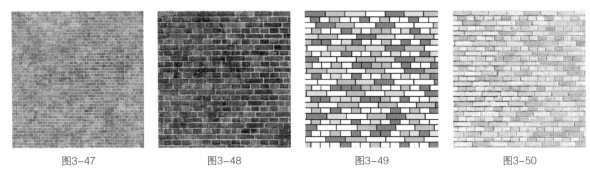

| 图3-47 | 图3-48 | 图3-49 | 图3-50 |

砖墙整体粗糙且具有很强的凹凸纹理，具体参数设置如图3-51所示，材质球效果如图3-52所示。

材质参数

① 在"漫反射"通道中加载红砖贴图。

② 在"反射"通道中加载黑白纹理贴图，然后设置"反射"的颜色为50左右的灰度，接着设置"反射"通道量为50左右。

③ 在"反射光泽"通道中加载与"反射"通道相同的黑白贴图，然后设置"反射光泽"为0.4左右，让砖墙显得更加粗糙，接着设置"反射光泽"通道量为50~70。

④ 在"凹凸"通道中加载另一张黑白贴图模拟凹凸纹理，然后设置"凹凸"通道量为20~50。

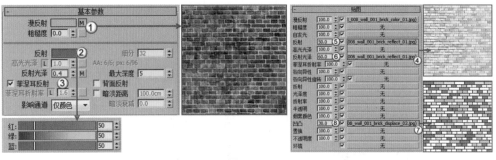

图3-51   图3-52

技巧与提示

有时候仅仅通过贴图仍无法完美达到需要的效果时，就使用通道量的数值来控制。通道量的数值是控制通道贴图与通道原有参数的混合比例。例如，红砖的"反射"通道量为50，就是将贴图的颜色与反射的灰度用各50%的比例混合，比只用贴图所产生的反射效果要弱。

4. 白色乳胶漆

白色乳胶漆材质具有低反射和粗糙两个特点，具体参数设置如图3-53所示，材质球效果如图3-54所示。

材质参数

① 在"漫反射"通道中加载一张灰色的墙面贴图作为墙面的颜色，这样不仅可以防止曝光，还增加了很多细节。

② 在"反射"通道中加载与"漫反射"中同样的贴图，控制反射效果，然后设置"反射"通道量为30~50。

③ 在"反射光泽"通道中继续加载墙面贴图控制光泽度，然后设置"反射光泽"为0.5，使其变得粗糙，接着设置"反射光泽"通道量为40~60，让贴图和参数进行混合。

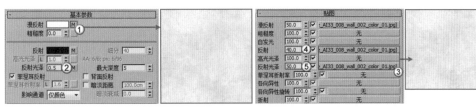
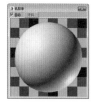

图3-53　　　　　　　　　　　　　　　　　　　　　　图3-54

5. 材质效果展示

将材质赋予划分好的模型区域，然后测试渲染效果，如图3-55所示。

图3-55

3.4.2 地面类

工业风格的地面适用很多种材料，本节将根据场景确定地面使用的材质。

1. 地面材质方案

地面材质在3.1节中并没有明确的提示，在网络上搜集相关风格的图片，如图3-56所示。观察这些参考图的地面，有水泥自流平、木地板和拼砖3种类型，笔者根据这些类型，做出以下3种方案。

图3-56

方案1：办公区域用水泥，休闲区域用木地板。优点在于明确区分两个区域，提升休闲区域的品质；缺点在于木地板造价较高，且容易产生较大的噪声。

方案2：办公区域用水泥，休闲区域用拼砖。优点与上一个方案相同，缺点在于造价较高，房屋整体地面都需要重新处理。

方案3：全部用水泥，休闲区域用地毯。优点是在原有地面的基础上进行一定找平即可，地毯成本低且不易产生噪声；缺点是不如木地板或拼砖效果华丽。

笔者选用了造价最低的方案3，当然读者也可以尝试其他方案。

2. 地毯位置

地毯位于休闲区域，根据圆桌和沙发的位置，其大致范围如图3-57所示。

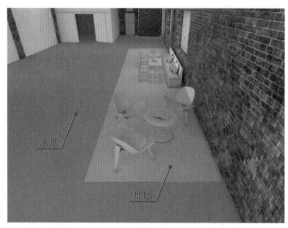

图3-57

3. 水泥

水泥地面呈现不同的反射强度和粗糙程度，这就需要用贴图去完成，具体材质参数如图3-58所示，材质球效果如图3-59所示。

材质参数

① 在"漫反射"通道中加载带纹理的水泥贴图，然后设置"漫反射"的颜色为10左右的灰度，接着设置"漫反射"通道的强度为40~60。地面的颜色一般要比墙面深一些，这样整个空间不会看着很"飘"。

② 在"反射"通道中加载黑白纹理贴图。

③ 在"反射光泽"通道中加载与"反射"通道相同的黑白贴图，然后设置"反射光泽"为0.8左右，让地面有的地方光滑，有的地方粗糙，接着设置"反射光泽"通道量为30~60。

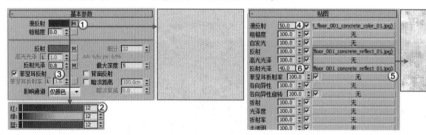

图3-58

图3-59

4. 地毯

地毯材质最重要的是表现地毯的毛绒纹理，具体材质参数如图3-60所示，材质球效果如图3-61所示。

材质参数

① 在"漫反射"通道中加载混合贴图，然后在两个颜色通道中加载地毯的黑白纹理，并在"混合量"通道中加载地毯的字母贴图，接着设置"漫反射"颜色为深咖啡色，再设置"漫反射"通道量为50左右。

② 设置"反射"的灰度为30左右。

③ 设置"反射光泽"为0.4~0.7，增加地毯的粗糙感。

④ 在"凹凸"通道中加载黑白纹理贴图，形成地毯的绒毛效果，然后设置"凹凸"通道量为400~600。

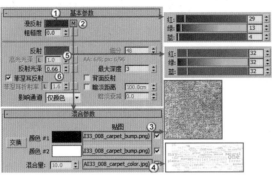

图3-60   图3-61

技巧与提示

地毯最好的表现方式是用"VRay毛皮"模拟绒毛效果，但用"VRay毛皮"制作会增加场景的面数，还会使渲染速度降低。在本场景中，地毯并不是表现的重点，因此只需要用"凹凸贴图"模拟绒毛的效果即可。

5. 材质效果展示

将材质赋予模型，然后测试渲染效果，如图3-62所示。

图3-62

3.4.3 吊顶类

工业风格的吊顶具有明显的特征，本节将根据场景确定吊顶使用的材质。

1. 吊顶材质参考

吊顶的模型分为屋顶、房梁和管道3个部分，这三部分分别用什么材质，同样需要通过参考图进行确定。图3-63所示是笔者找的一些参考图，钢梁和管道都有很明确的提示，而屋顶部分水泥、黑漆和木质这3种材质都适用，笔者决定将屋顶部分分别用3种材质测试效果。

图3-63

2. 钢梁

笔者为了模拟钢梁"做旧"的效果，会在"反射"和"反射光泽"通道中加载黑白纹理贴图，具体材质参数如图3-64所示，材质球效果如图3-65所示。

材质参数

① 设置"漫反射"颜色为黑色，取值范围在0~10。

② 在"反射"通道中加载黑白纹理贴图，然后设置"反射"通道量为51。

③ 在"反射光泽"通道中加载与"反射"通道相同的黑白贴图，然后设置"反射光泽"通道量为80~85。

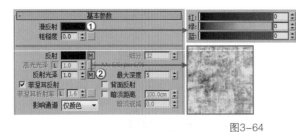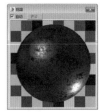

图3-64　　　　　　　　　　　　　　　　　　　　图3-65

技巧与提示

在"反射"通道中，贴图黑色部分反射度最低，白色部分反射度最高；在"反射光泽"通道中，贴图黑色部分最粗糙，白色部分最光滑。因此材质最终会呈现反射度低的地方粗糙、反射度高的地方光滑的效果。

3. 管道

参考图中的管道更接近于带拉丝纹理的亚光金属，具体材质参数如图3-66所示，材质球效果如图3-67所示。

材质参数

① 在"漫反射"通道中加载一张带拉丝纹理的金属贴图，然后设置颜色为10左右的灰度，接着将"漫反射"通道量设置为20左右，加深贴图的颜色。

② 在"反射"通道中加载黑白纹理贴图，然后设置"反射"颜色为60左右的灰度，并设置"菲涅耳折射率"为15，接着设置"反射"通道量为70~80。

③ 管道磨砂效果只需要控制"反射光泽"的数值即可，这里设置为0.7左右。

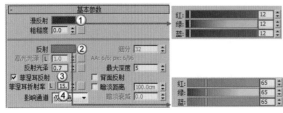

图3-66　　　　　　　　　　　　　　　　　　　　图3-67

4. 屋顶材质方案

前面设定了3个屋顶的材质，下面笔者将逐一测试效果。

方案1：水泥屋顶，这里使用地面的水泥材质赋予屋顶，测试效果如图3-68所示。

方案2：黑漆屋顶，这里暂时使用钢梁的材质赋予屋顶，测试效果如图3-69所示。

方案3：木质屋顶，给屋顶赋予木纹材质，测试效果如图3-70所示。

图3-68   图3-69   图3-70

技巧与提示

用现有的材质赋予屋顶，能以最快的速度呈现方案的大致效果。

笔者最终选择了方案3，用木纹不仅让空间更有层次感，也让场景色调更加丰富。

5. 屋顶

木纹的屋顶有明显的粗糙度，反射很低，具体材质参数如图3-71所示，材质球效果如图3-72所示。

材质参数

① 在"漫反射"通道中加载一张木纹贴图。

② 在"反射"通道中加载黑白纹理贴图，然后设置"反射"颜色为50左右的灰度，接着设置"反射"通道量为40~60。

③ 在"反射光泽"通道中加载与"反射"通道相同的贴图，然后设置"反射光泽"为0.65左右，接着设置"反射光泽"通道量为35~40。

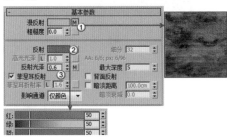 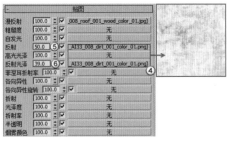 

图3-71   图3-72

3.4.4 门窗类

本案例的门窗需要在材质和色调上符合场景的整体风格。

1. 窗框模型修改

门窗的材质和色调也是体现整体风格的一部分，通过之前章节的参考图，确定门窗都是黑色的边框。为了丰富休闲区域的窗户细节，更好地体现工业风格，笔者在窗边的墙上用钢梁装饰了窗框及墙体，材质也使用了钢梁的材质，效果如图3-73所示。

图3-73

2. 磨砂玻璃

普通门窗的玻璃都是清玻璃，是最简单的玻璃材质，笔者不再赘述。这里需要讲解磨砂玻璃材质，赋予后门的玻璃模型。这样做可以不用再建立外景模型或外景贴图，最大限度地减少工作量。

磨砂玻璃与清玻璃最大的不同就是光泽度，在清玻璃材质的基础上稍作修改就可以得到磨砂玻璃，具体参数如图3-74所示，材质球效果如图3-75所示。

材质参数

① 设置"漫反射"为黑色、"反射"为白色、"折射"为白色，这些参数与清玻璃材质相同。

② 设置"反射光泽"为0.8左右，磨砂玻璃并不是光滑的，还是带有一些粗糙度。

③ 设置"光泽度"为0.8~0.9，玻璃的磨砂效果就可以呈现出来。

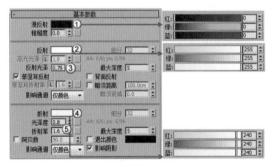

图3-74   图3-75

3. 铁门

制作铁门材质，首先需要寻找合适的铁皮贴图。

贴图处理

图3-76所示是笔者找的铁皮贴图，灰色会显得整体空间太单调。笔者将这张贴图在Photoshop中进行颜色处理，得到蓝灰色的效果，如图3-77所示。

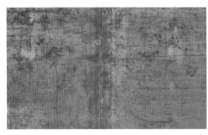

图3-76   图3-77

"做旧"的铁门会有不同的反射和粗糙度，使用黑白贴图进行模拟，材质的具体参数如图3-78所示，材质球效果如图3-79所示。

材质参数

① 在"漫反射"通道中加载处理好的铁皮贴图。

② 在"反射"通道中加载一张黑白纹理贴图。

③ 在"反射光泽"通道中加载同上的黑白纹理贴图，然后设置"反射光泽"为0.7左右，接着设置"反射光泽"通道量为60左右。这样铁门既有光滑的地方，也有粗糙的地方。

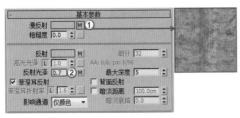  

图3-78   图3-79

4. 材质效果展示

将设置好的材质赋予模型，测试渲染效果，如图3-80所示。

图3-80

3.4.5 柜体类

本节需要确定场景中文件柜的材质。

1. 柜体材质参考

根据3.1节中的介绍，工业风格的家具通常用木质与金属进行混搭，而在现在的场景中，已经有了一定面积的金属装饰，笔者决定用木质作为柜体的材质，但整体柜子都为木质又未免显得有些单调，因此将个别柜子设定为白漆材质。

2. 白漆柜子的位置

笔者按照两种柜子的造型区分两种材质，如图3-81所示。当然读者若有其他方案可以进行修改，这里仅提供一种制作思路。

图3-81

3. 白漆

白漆具有强反射、高光范围大和较为光滑的特点，具体材质参数如图3-82所示，材质球效果如图3-83所示。

材质参数

① 设置"漫反射"为灰度220~240的灰白色，这样在灯光下渲染不容易曝光。

② 设置"反射"为150左右的灰度，然后设置"高光光泽"为0.7、"反射光泽"为0.8，模拟油漆高光范围大、但比较光滑的效果。若是做成烤漆材质会显得过于时尚，与工业风格不太协调。

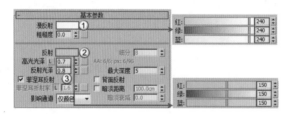

图3-82   图3-83

4. 木纹

同白漆材质一样，这里的木纹材质也使用半亚光效果，但不如白漆光滑，具体参数如图3-84所示，材质球效果如图3-85所示。

材质参数

① 在"漫反射"通道中加载一张木纹贴图，这里笔者选了一张颜色较深的贴图。

② 设置"反射"为130左右的灰度，然后设置"反射光泽"为0.7。

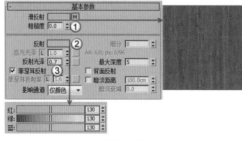

图3-84   图3-85

5. 材质效果展示

将材质赋予指定模型，测试效果如图3-86所示。

图3-86

3.4.6 桌椅类

工业风格的家具多以木材和金属相结合，本节将根据模型确定桌椅使用的材质。

1. 确定桌椅材质

桌椅素材在导入场景时就已经自带材质，但为了保持场景材质的统一，这里需要将其进行一定的调整。根据3.1节中工业风格家具的特点，需要将桌椅的材质设置为木质与金属相混合的效果。在本案例中，金属大多数是黑色，因此家具的部分位置也设置为黑色以相呼应。

2. 浅色木纹

制作浅色木纹材质，首先需要寻找合适的木纹贴图，这里的木纹贴图要比之前的木纹颜色浅。

贴图处理

笔者选择了一张纹理明显的木纹贴图，如图3-87所示。将这张贴图放入Photoshop中降低色阶和饱和度，让这个木纹与之前的木纹有明显的区别，如图3-88所示。

图3-87　　　　　　　　　　　　　　　图3-88

浅色木纹比之前的木纹材质会更加光滑一些，材质参数如图3-89所示，材质球效果如图3-90所示。

材质参数

① 在"漫反射"通道中加载调整后的贴图。

② 设置"反射"为120~130的灰度，然后设置"高光光泽"为0.75、"反射光泽"为0.88。增大"反射光泽"的数值，可以使材质表面更加光滑。

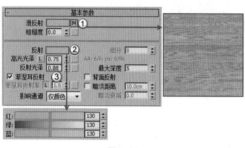

技巧与提示

读者可以选择自己觉得合适的木纹贴图，材质赋予的位置也可以不同。一切以整体画面的美观为准。

图3-89　　　　　　　　　图3-90

浅色木纹材质除了赋予圆桌，还可以赋予旁边的壁挂架以及部分吧台，两种木纹拼合在一起，显得画面更加生动。

3. 软垫

软垫材质应用于沙发、椅子坐垫以及吧台的圆凳坐垫，软垫是一种皮革材质，亚光却较为光滑，具体材质参数如图3-91所示，材质球效果如图3-92所示。

材质参数

① 在"漫反射"通道中加载皮革的贴图，这里笔者选择一张浅色的皮革贴图。

② 设置"反射"灰度为80~100，然后设置"高光光泽"为0.6~0.7，接着设置"反射光泽"为0.85左右，这样皮革就呈现一种亚光却较为光滑的效果。

③ 在"凹凸"通道中加载"漫反射"通道中的贴图，然后设置"凹凸"通道量为30，增加皮革的纹理。

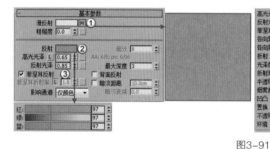

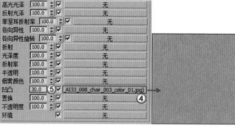

图3-91　　　　　　　　　　　　　　　　图3-92

4. 黑铁

黑铁材质用于家具的部分位置，起到金属与木质相混合的效果，符合3.1节中工业风格的特点之一。黑铁用于桌椅的腿部和支撑位置。

黑铁材质参数如图3-93所示，材质球效果如图3-94所示。

材质参数

① 在"漫反射"通道中加载一张黑铁的贴图。

② 设置"反射"为30左右的灰度，让黑铁有一定的反射。

③ 设置"高光光泽"为0.7左右、"反射光泽"为0.75左右，这样黑铁就呈现一种亚光的效果。

④ 在"凹凸"通道中加载"漫反射"通道中的贴图，然后设置"凹凸"通道量为5~10，让黑铁有轻微的纹理。

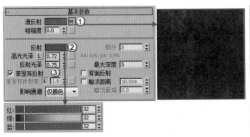
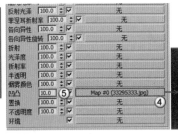

图3-93　　　　　　　　　　　　　　　　　　　图3-94

5. 靠垫

由于沙发是浅咖啡色，因此沙发上的靠垫颜色需要比沙发深才能将两者区分出来。这里以一种颜色的靠垫为例讲解靠垫材质的制作过程。

贴图处理

笔者选择了一张灰色的布纹贴图作为靠垫的贴图，如图3-95所示。

将贴图导入Photoshop中，添加颜色和混合模式，得到如图3-96所示的墨绿色贴图。

图3-95　　　　　　　　　　　　　　　　　　　图3-96

具体参数设置如图3-97所示，材质球效果如图3-98所示。

材质参数

① 在"漫反射"通道中加载修改后的贴图。

② 在"反射"通道中加载修改前的灰色贴图，然后设置"反射"通道量为50，降低反射度。

③ 设置"高光光泽"为0.6~0.7，然后设置"反射光泽"为0.85左右，这样靠垫呈现亚光但比较光滑。

④ 在"凹凸"通道中加载"反射"通道中的灰色贴图，然后设置"凹凸"通道量为3~8，稍微增加凹凸纹理。

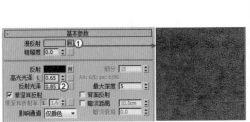
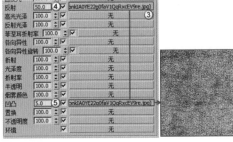

图3-97　　　　　　　　　　　　　　　　　　　图3-98

6. 材质效果展示

将设置好的材质赋予模型，测试渲染效果，如图3-99所示。

图3-99

3.4.7 装饰类

本节将设置吊灯和壁灯这两个装饰模型的材质，需要参考场景的整体色调和测试效果。

1. 吊灯

根据3.1节中灯具的参考图，本案例的吊灯调整为黑色，灯罩外侧材质参数如图3-100所示，材质球效果如图3-101所示。

材质参数

① 设置"漫反射"为灰度0~10的黑色。

② 设置"反射"为200左右的灰度，增强反射。

③ 设置"反射光泽"为0.85~0.92，较为光滑的效果。

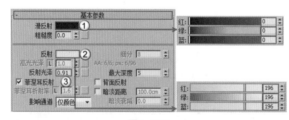

图3-100

图3-101

灯罩内侧材质参数如图3-102所示，材质球效果如图3-103所示。

材质参数

① 设置"漫反射"为灰度128左右的灰色。

② 设置"反射"为灰度150左右的灰色。

③ 设置"反射光泽"为0.75~0.82，半亚光效果。

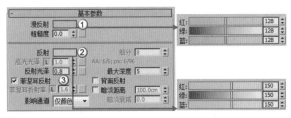

图3-102　　　　　　　　　　　　　　　图3-103

2. 壁灯

在圆桌旁的架子上有两个壁灯，在测试效果时发现这两个壁灯颜色发白，需要做一些处理。

贴图处理

在Photoshop中打开壁灯模型自带的贴图，如图3-104所示。

使用色阶和饱和度工具加深贴图的颜色，如图3-105所示。

具体材质参数如图3-106所示，材质球效果如图3-107所示。

材质参数

① 在"VRay灯光"材质中设置贴图强度为1.0。

② 在通道中加载处理后的贴图。

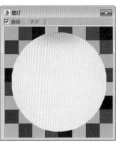

图3-104　　　　　　　　图3-105　　　　　　　　图3-106　　　　　　　　图3-107

3. 材质效果展示

将设置好的材质赋予模型，测试渲染效果，如图3-108所示。

图3-108

3.5 渲染与后期处理

其余材质在原有模型材质的基础上进行部分修改，只要整体渲染良好就可达到目的。所有设置完成后开始渲染，在场景中任意设置几个镜头，渲染效果如图3-109所示。

图3-109

笔者使用线性工作流进行渲染，再加上一些特写镜头使用了景深效果，因此画面会偏暗偏灰。这些小问题在后期中都可以进行调整，下面进行后期调整。

技巧与提示

LWF线性工作流是指通过调整图像Gamma值，让图像得到线性化显示的技术流程。而线性化的本意就是让图像得到正确的显示结果。设置LWF后会使图像明亮，这个明亮即正确的线性化的结果。

传统的全局光渲染在常规作图流程下渲染的图像会比较暗，尤其是暗部。本来这个图像不应该是这么暗的，尤其当我们调高灯光亮度时，亮处都几近曝光，但某些暗部还是亮不起来。这个过暗问题，最主要的原因是因为显示器错误地显示了图像，使得本来不暗的图像被显示器显示暗了。

使用LWF线性工作流，通过调整Gamma值，让图像回到正确的线性化显示效果。图像的明暗看起来更有真实感，更符合人眼视觉和现实中真正的光影感，而不是像原本那样的明暗差距过大。

LWF线性工作流设置方法如下。

第1步：打开菜单栏的"渲染"菜单，然后选择"Gamma/LUT设置"选项，如图3-110所示。

第2步：在弹出的"首选项设置"对话框中，选择"Gamma和LUT"选项卡，接着勾选"启用Gamma/LUT校正"选项，设置"Gamma"为2.2，最后勾选"影响颜色选择器"和"影响材质选择器"选项，如图3-111所示。

图3-110

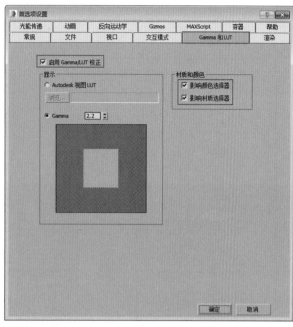

图3-111

将渲染好的成图导入Photoshop中进行后期处理。以镜头1为例简单讲解后期处理的一些要素，案例制作过程中的参数仅供参考。

01 将图片导入Photoshop，然后复制一层，如图3-112所示。

02 打开"色阶"进行调整，参数如图3-113所示，效果如图3-114所示。

图3-112

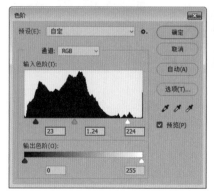

图3-113

图3-114

技巧与提示

本案例开启线性工作流后渲染的效果图或多或少都会出现偏灰的现象，调整色阶可以消除这种现象。

03 打开"自然饱和度"对话框，然后设置"自然饱和度"为负10，如图3-115所示。降低一点饱和度可以使画面看起来更加真实。

04 按照以上的方法对其他镜头进行调整，最终效果如图3-116所示。

图3-115

图3-116

||||||||||||||||||||||||||||||||||||||||||||||||||||| 第 4 章

新中式风格创客茶室

视频长度：01:03:37

4.1 新中式风格空间的特点

　　本案例是将一个沿街店面改造成兼具创客办公和茶室功能的创客空间。空间主体包含茶室，而且入驻的创客大多是与传统文化相关的从业者，故笔者决定将该空间改造成新中式风格，既能体现中式传统，又能兼具现代气息。新中式风格空间有哪些特点，下面将逐一介绍。

4.1.1 深厚沉稳的底蕴

　　新中式风格继承了传统中式风格的经典元素，然后将其提炼并加以丰富。新中式风格不是单纯地从中国传统文化元素中寻求切入点，也不是刻意地描述某种具象的场景或物件，而是通过中式风格的特征，表达对淡雅含蓄、古典端庄的东方式精神境界的追求，如图4-1所示。

图4-1

4.1.2　讲究空间层次感

新中式风格非常讲究空间的层次感。中式的屏风、窗棂和简约化的中式博古架等，展现出中式家居的层次之美，如图4-2所示。

图4-2

4.1.3　线条简单流畅

新中式风格的家居摒弃了传统中式家居繁复的雕花和线条，而是采用简单流畅的造型，不仅保留了中式家居的神韵，还将家居改造得更加人性化、简单化和舒适化，如图4-3所示。

图4-3

4.1.4 传统与现代相结合

新中式风格是将传统与现代相结合的风格，除了在大的家居方面保留中式神韵外，还应该在小的细节处，比如字画、匾额、挂屏、盆景、瓷器、古玩、屏风和博古架等传统室内的陈设上体现中式风格，如图4-4所示。

图4-4

4.1.5 中式元素的配饰

玉摆件、木雕、石雕、树脂、陶瓷和花艺等中式摆件可呈现静谧的禅意，如图4-5所示。

图4-5

4.2 案例设计思路

有了上一节介绍的新中式风格的基础知识，就可以着手进行场景的设计。场景的外体框架、屋顶和地面是按照店铺原有的结构进行建模，有了场景整体框架后，笔者决定从场景结构划分、模型素材的选择和摆放着手进行前期的制作。

4.2.1 划分办公区域和茶室区域

整个店铺并不是一个规整的方形结构，在房间临街的一面有门窗，内侧有卫生间，这些在建模时就已经完成了。图4-6所示是店铺原有结构的模型。进行空间区域划分后，靠门一侧作为办公区域，靠窗一侧作为茶室区域。

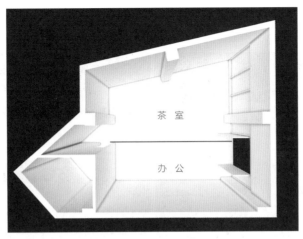

图4-6

1. 办公区域

办公区域位于房间靠门一侧，原因有以下两点。

第1点： 靠门一侧方便创客进出，且不会对茶室区域造成太大影响。

第2点： 靠门一侧墙壁更加规整，方便放置办公桌椅。

2. 茶室区域

茶室区域位于房间靠窗一侧，原因有以下两点。

第1点： 靠窗一侧临街，客人可在此品茶看街景。

第2点： 靠窗一侧面积更大，可以组合出不同形式的茶桌。

3. 总结

基于上面的原因，空间最终被划分为如图4-6所示的效果。如果读者有更好的想法，不妨进行尝试。

4.2.2 选择模型素材

本案例是以茶室为主的创客空间，因此在选择素材时需要参考茶室的图片。图4-7所示是新中式风格的茶室。

图4-7

1. 茶室区域

通过参考图片的提示，在茶室区域需要有工夫茶桌、普通茶桌和中式装饰品等模型。笔者在网上和自己储备的模型库中找到较为合适的模型单体，如图4-8所示，这些模型结构简单，但保留了中式的神韵。由于是整体模型组，可能会带有一些装饰模型。

图4-8

2. 办公区域

办公区域需要办公桌椅、电脑和一些办公用品，如图4-9所示。

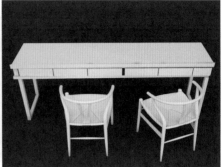

图4-9

4.2.3 模型素材的摆放

选择好模型后，就可以按照4.2.1节中划分的空间区域摆放模型。

1. 地台

图4-8所示的第一组茶桌组合适合放置在地台上，因此需要在房间内建立一个地台。笔者做了以下两个方案。

方案1：将地台安置于靠内侧的位置，如图4-10所示。

方案2：将地台安置于靠窗一侧，如图4-11所示。

方案1中地台的面积比方案2中要小一些。为了不让顾客感觉空间狭小，笔者决定将地台按照方案2中的位置进行创建，如图4-12所示。

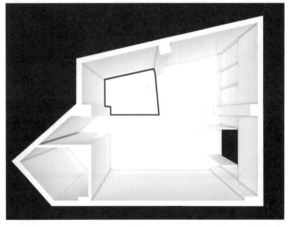

图4-10

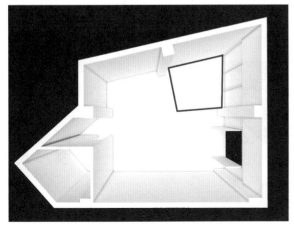

图4-11

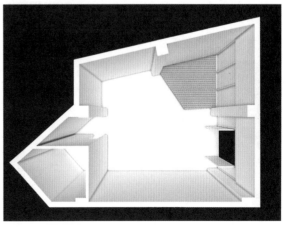

图4-12

2. 茶桌椅

定好了地台的位置，就可以摆放选好的茶桌椅模型，如图4-13所示。

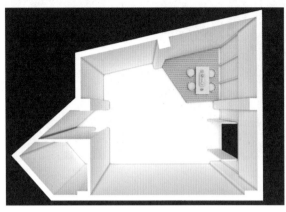

图4-13

3. 工夫茶桌

在茶室区域的内侧摆放工夫茶桌的模型，如图4-14所示。

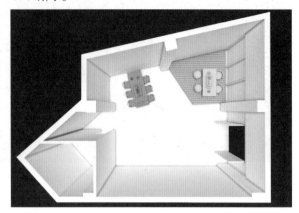

图4-14

在工夫茶桌的内侧有一个柱子隔出的空白区域，如图4-15所示。笔者决定在这里建立一个书柜的模型，如图4-16所示。

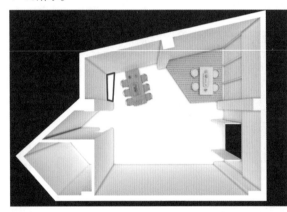

图4-15

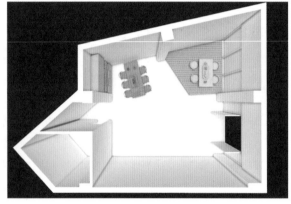

图4-16

4. 办公桌

茶室区域的模型大致摆放完成后，下面摆放办公区域的办公桌，笔者做了以下两个方案。

方案1：将办公桌并排摆放，大致效果如图4-17所示。

方案2：将办公桌沿着墙排成一行，大致效果如图4-18所示。

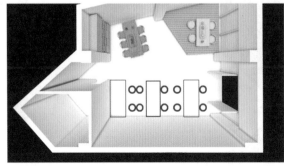

图4-17

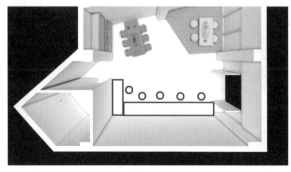

图4-18

方案2能更有效地利用空间，也方便创客们进行交流，方案1则显得规整而没有创意。笔者选择方案2，然后将选好的办公桌模型进行改造，并摆放上电脑和其他办公用品，如图4-19所示。

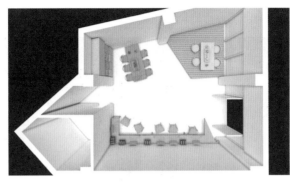

图4-19

5. 门头和隔断

相信有读者注意到办公桌靠门的一侧形状不规整，这是因为笔者要在旁边放置一个门头模型。图4-20所示的空白区域，笔者制作了两个中式隔断和一个门头模型，如图4-21所示。

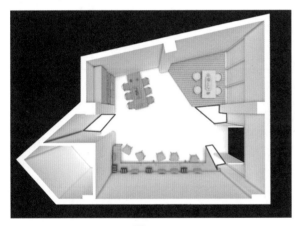 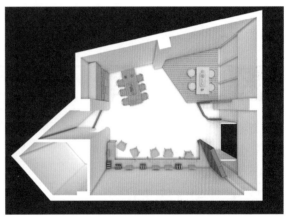

图4-20   图4-21

6. 博古架

在地台和工夫茶桌之间，放置一个博古架。博古架让空间的中式氛围更加浓郁，也可以作为创客产品的展示区域，如图4-22所示。

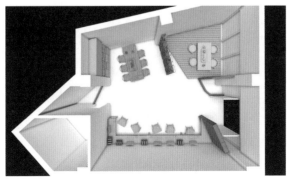

图4-22

7. 装饰品和灯具

将之前选择的一些装饰品摆放在空间中，起到装饰空间的作用，如图4-23所示。读者也可以选择其他喜欢的装饰品，但一定要选择中式风格。

吊灯模型摆放在茶桌和装饰品的上方，如图4-24所示。

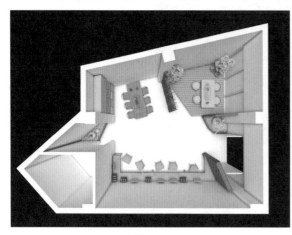

图4-23

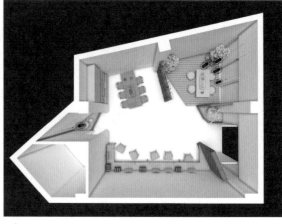

图4-24

至此，场景中的模型摆放完成，读者可参照设计思路设计自己喜欢的效果。

4.3 灯光创建

灯光是场景制作中很重要的一部分，可以明确场景的时间和氛围。本案例更注重体现场景的真实感，需要按照现实生活中的光照规律布置场景中的灯光。

4.3.1 增加吊顶

店铺层高4.5m，是一个挑高空间，需要再增加一个吊顶。吊顶不仅可以让空间高度更加适宜，也可以增加空间的层次感，原有结构如图4-25所示。

笔者做完吊顶后的层高为2.8m，符合大多数空间的层高，在中间过道处和地台上方，向上做了两个稍高的造型，如图4-26所示，吊顶的造型读者可以作为一个参考。

图4-25

图4-26

技巧与提示

新中式风格的空间吊顶会稍微复杂一些，很少用到全平吊顶。灯槽、镂空和镶边都是新中式空间吊顶常见的元素。

4.3.2 添加自然光照

下面为场景添加自然光照，本案例采用日光效果。

01 在场景中创建一盏"VRay太阳"灯，位置如图4-27所示。

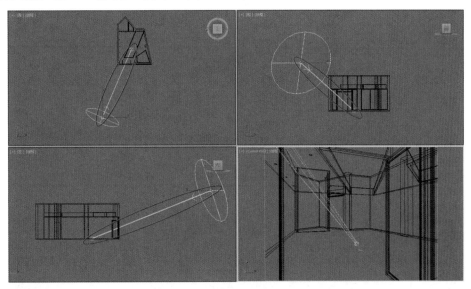

图4-27

02 选中创建的"VRay太阳"，然后设置"强度倍增"为0.05、"大小倍增"为5.0、"阴影细分"为8、"天空模型"为Preetham et al.，如图4-28所示。

03 测试渲染效果，如图4-29所示，此时太阳光的强度基本合适，照射的光影效果也达到了笔者预期的效果。

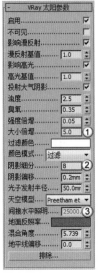

图4-28

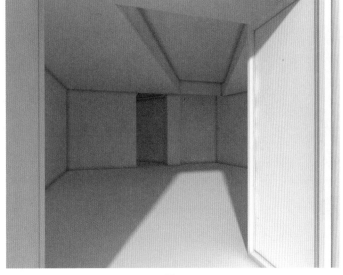

图4-29

4.3.3 增强空间层次感

添加太阳光后，虽然照亮了空间，但整体空间还是显得有些平淡，没有在门窗的位置呈现由亮到暗的光影过渡，整体空间的层次感还不足。

01 在门窗外创建两个相同的"VRay灯光"作为环境光，位置如图4-30所示。

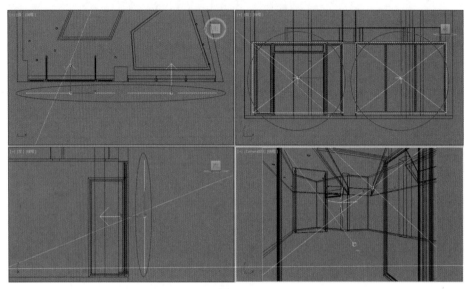

图4-30

02 灯光的大小与门窗大小差不多即可，灯光的"类型"为"平面"，"颜色"设置为纯白色，"倍增"暂时设置为8.0，如图4-31所示，测试渲染效果如图4-32所示。

03 此时场景整体过亮，需要稍微降低灯光强度。设置灯光"倍增"为4.0，然后测试渲染效果，如图4-33所示。此时整体空间就呈现出由外到内光线逐渐降低的效果。

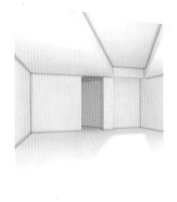

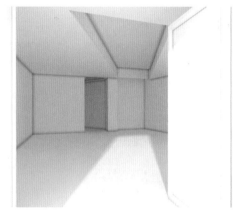

图4-31   图4-32   图4-33

> **技巧与提示**
>
> 由于"VRay天空"贴图发射的是白光，因此这里的灯光颜色也需要设置为白色。平面灯光是小面积模拟"VRay天空"贴图的发光效果，从而使阴影边缘锐利。

4.3.4　补充室内光源

自然光照效果完成后，下面补充室内光源。本案例的室内光源需要建立吊顶灯槽的灯光和射灯的灯光。

1. 添加灯槽灯光

在建模时，笔者就在吊顶的造型部位预留了灯槽的位置，下面建立这些灯槽灯光。

01 使用"VRay灯光"在灯槽内创建灯光，位置如图4-34所示。

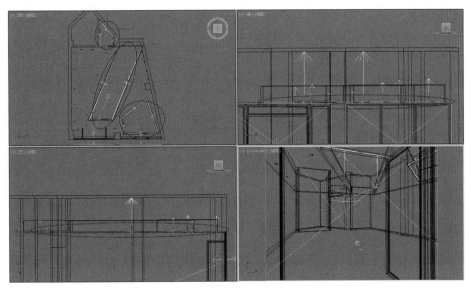

图4-34

02 灯光的大小与灯槽的大小相同即可，灯光的"类型"为"平面"，"颜色"设置为黄色，"倍增"暂时设置为10.0，如图4-35所示，测试渲染效果如图4-36所示。

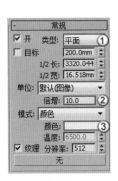

图4-35

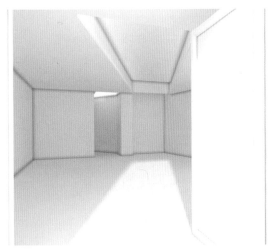

图4-36

技巧与提示

灯槽的灯光可以用缩放工具修改尺寸，这样方便统一控制灯光的强度。

2. 添加射灯灯光

在上一个案例中讲到，真实的灯光效果，必须按照场景中产生光源的模型进行创建。在本案例的场景中，屋顶的射灯和吊灯都是产生室内光源的位置。按照射灯模型的位置，逐一创建"目标灯光"作为房间内的射灯灯光。

01 使用"目标灯光"在射灯模型下方创建一盏灯，然后"实例"复制到其余射灯模型下方，位置如图4-37所示。

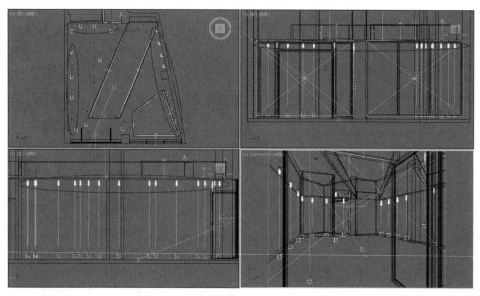

图4-37

02 为"目标灯光"添加"z射灯好用.ies"灯光文件模拟射灯效果，灯光"过滤颜色"设置为浅黄色，强度大致设置为1500.0，如图4-38所示。

03 进行渲染测试，如图4-39所示。至此场景中的灯光设置完毕。

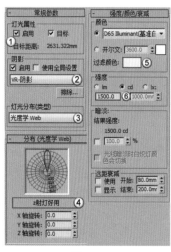

图4-38

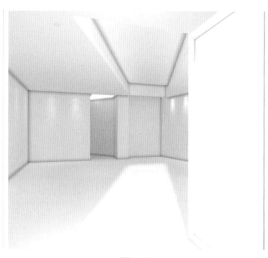

图4-39

技巧与提示

本案例中射灯的作用更多是让墙面上形成光斑，使墙面看起来不单调。由于是白天场景，因此吊灯灯光不需要创建。

4.4 材质创建

材质是体现设计风格的重要一环，每种设计风格都会拥有自己特定的建筑材质和色彩搭配。掌握了每种风格的特点，才能让我们在设计不同建筑格局时更加得心应手。

书中所提供的材质参数仅作为参考，读者可根据材质原理来设置自己喜欢的效果。

4.4.1 墙面类

新中式风格的墙面材质有很多，常见有乳胶漆、硅藻泥、护墙板和墙纸等材料，本节将根据场景确定墙面使用的材质类型。

1. 墙面使用的材质

墙面颜色是确定场景主体色调的一个关键点。在4.1节的参考图中，墙面大多使用纯色乳胶漆或者护墙板，因此笔者将这两者进行了结合。

2. 护墙板的位置

怎样将乳胶漆与护墙板相结合是墙面设计的重点，图4-40所示是笔者划分的护墙板的范围，主要集中在茶室区域，更能体现场景所要表现的中式风格。

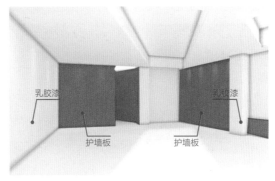

图4-40

3. 护墙板

制作护墙板材质，首先需要寻找合适的木质贴图。

贴图选择

在选择护墙板贴图时，笔者选择了如图4-41~图4-43所示的木纹贴图，将这3张贴图逐一测试效果，最后选择了如图4-42所示的贴图。

图4-41

图4-42

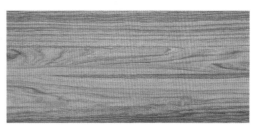

图4-43

护墙板材质没有较强的反射，整体呈亚光，具体参数设置如图4-44所示，材质球效果如图4-45所示。

材质参数

① 在"漫反射"通道中加载木纹贴图。

② 设置"反射"的颜色为40左右的灰度。

③ 设置"高光光泽"为0.5~0.6，然后设置"反射光泽"为0.8左右，这样护墙板就呈现亚光状态。

④ 在"凹凸"通道中加载"漫反射"通道中的木纹贴图，然后设置"凹凸"通道量为25左右。

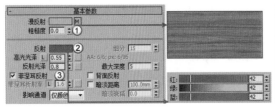

图4-44 图4-45

4. 墙漆材质

笔者没有选择白色乳胶漆作为墙面的另一种材质，而是选择了一种类似于硅藻泥的灰色墙漆，这样墙面会拥有更多细节。

贴图处理

图4-46所示是选择的墙面贴图，带有一些细微的纹理，为了表现墙面不一致的反射度和光泽度，需要将贴图在Photoshop中进行处理。

将贴图导入Photoshop中，然后调整贴图的色阶和对比度，让贴图的纹理更加清晰，如图4-47所示。

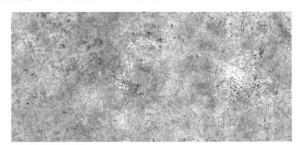

图4-46 图4-47

墙漆具有不同的反射度和光泽度，且带有一定的凹凸纹理，具体参数设置如图4-48所示，材质球效果如图4-49所示。

材质参数

① 在"漫反射"通道中加载选择的墙漆贴图。

② 设置"反射光泽"为0.6左右，降低贴图造成的局部过于光滑的现象。

③ 在"反射"和"反射光泽"通道中加载处理后的墙漆贴图，然后分别设置"反射"通道量为80.0、"反射光泽"通道量为60.0，让贴图的效果有所减弱。

④ 在"凹凸"通道中加载处理后的墙漆贴图，然后设置"凹凸"通道量为10左右，让墙漆有一定的凹凸纹理。

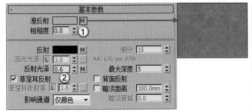

图4-48 图4-49

5. 材质效果展示

将材质赋予划分好的模型区域，然后测试渲染效果，如图4-50所示。

图4-50

4.4.2　地面类

中式风格的地面适用很多种材料，本节将根据场景确定地面使用的材质。

1. 地面材质方案

地面材质在4.1节中并没有明确的提示，常见的木地板、地毯、地砖和水泥都可以作为新中式风格空间的地面，如图4-51所示。

图4-51

本案例的地面分为两部分，一部分是茶室的地台，另一部分是主体地面。地台部分笔者根据上面的参考图使用了木地板，而主体地面部分则使用了仿古地砖。

2. 地面区域划分

本案例中地面部分比较明确，其大致效果如图4-52所示。

图4-52

3. 木地板

本案例选用的是亚光木地板，为了更好地表现木地板的质感，将贴图进行了一定的处理。

贴图处理

图4-53所示是笔者选用的木地板贴图，然后将其导入Photoshop中去色，接着调节色阶和对比度，做成一张黑白贴图，如图4-54所示。这张黑白贴图将作为反射贴图表现木地板反射的细微差异。

图4-53

具体材质参数如图4-55所示，材质球效果如图4-56所示。

材质参数

① 在"漫反射"通道中加载木地板贴图。

② 在"反射"通道中加载处理后的黑白纹理贴图。

③ 设置"反射光泽"为0.6~0.7，让木地板呈现亚光效果。

图4-54

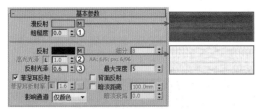

图4-55

图4-56

4. 仿古砖

仿古砖材质最重要的是体现其凹凸纹理感，砖面不能太光滑，具体材质参数如图4-57所示，材质球效果如图4-58所示。

材质参数

① 在"漫反射"通道中加载仿古砖贴图。

② 设置"反射"的灰度为160左右。

③ 设置"高光光泽"为0.5左右、"反射光泽"为0.6左右，让仿古砖呈现很强的粗糙感。

④ 在"反射"通道和"反射光泽"通道中加载仿古砖贴图，使其产生不同的反射和光泽度，然后设置"反射"通道和"反射光泽"通道量都为50左右。

⑤ 在"凹凸"通道中继续加载仿古砖贴图，然后设置"凹凸"通道量为100.0，形成强烈的凹凸效果。

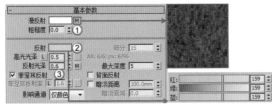  

图4-57　　　　　　　　　　　　　　　　　　　　　　图4-58

技巧与提示

如果想呈现更加真实的砖面效果，可以将地面做成带有砖缝的模型。

5. 材质效果展示

将材质赋予模型，然后测试渲染效果，如图4-59所示。

图4-59

4.4.3 吊顶类

在本案例中笔者将吊顶用两种材质进行划分。

1. 吊顶材质划分

吊顶的整体部分采用白色乳胶漆，而在挑高的部分则采用和护墙板一样的木质结构，划分效果大致如图4-60所示。

白色乳胶漆

图4-60

2. 白色乳胶漆

白色乳胶漆材质十分简单，在前面的案例中也有讲解，只需将"漫反射"设置为灰度240左右的灰白色即可，具体材质参数如图4-61所示，材质球效果如图4-62所示。

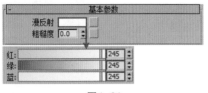

图4-61

图4-62

技巧与提示

白色乳胶漆切忌将"漫反射"设置为纯白色，否则只要场景中加入灯光就会曝光，导致后期无法调整。

3. 材质效果展示

将材质赋予相应的模型，然后测试渲染效果，如图4-63所示。

图4-63

4.4.4 门窗类

本案例中窗框部分，选用黑色不锈钢材质。黑色不锈钢相对于普通灰色不锈钢，看起来更有质感，也为场景加入了深色进行点缀。

1. 黑色不锈钢

黑色不锈钢在日常生活中比较常见，常用于店铺的装饰。材质参数如图4-64所示，材质球效果如图4-65所示。

材质参数

① 设置"漫反射"为灰度10左右的黑色。

② 设置"反射"的灰度为190左右。

③ 设置"高光光泽"为0.85左右、"反射光泽"为0.9左右。

④ 设置"菲涅耳折射率"为3~6，这样材质不仅有菲涅耳效果，还带有金属光泽。

⑤ 设置"双向反射分布函数"的类型为"微面GTR（GGX）"，这种类型可以产生金属的光泽感。

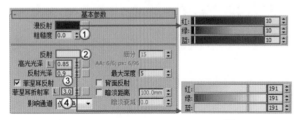

图4-64

图4-65

2. 玻璃

普通门窗的玻璃为全透明，反射一般不强，具体参数如图4-66所示，材质球效果如图4-67所示。

材质参数

① 设置"漫反射"为灰度190左右的灰色。
② 设置"反射"为灰度30左右的黑色。
③ 设置"折射"为灰度250左右的白色。

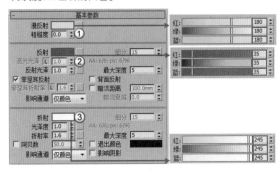

图4-66 　　　　　　　　　　　　图4-67

3. 材质效果展示

将设置好的材质赋予模型，然后测试渲染效果，如图4-68所示。

图4-68

4.4.5　门头与隔断

门头与隔断部分，将赋予已制作好的材质。

1. 材质划分

门头与隔断部分将使用现有的木质、墙漆和黑色不锈钢3种材质，从外部导入的绿植模型将保持原有的材质不变，材质划分的大致效果，如图4-69所示。

图4-69

2. 材质效果展示

将材质赋予指定模型，测试效果如图4-70所示。

图4-70

4.4.6 桌椅类

桌椅类模型都是外部导入的模型，自身便带有材质。下面需要将材质与场景进行统一。

1. 办公桌椅材质划分

办公桌连着门头部分，因此使用的材质与门头大致相同。笔者将桌面材质与护墙板统一，桌子的边线使用了黑色不锈钢，办公椅除了椅面使用布纹的坐垫外，其余都是木质。

2. 布纹

　　坐垫的布纹材质粗糙，且反射度很低，具有强烈的凹凸纹理，具体材质参数如图4-71所示，材质球效果如图4-72所示。

材质参数

① 在"漫反射"通道中加载布纹贴图。不设置"反射"的数值，材质就没有高光点和光滑度。

② 将"漫反射"通道中的贴图复制到"凹凸"通道中，然后设置"凹凸"通道量为-100。

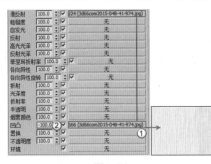

图4-71　　　　　　　　　　　　　　　　图4-72

3. 材质效果展示

　　将设置好的材质赋予模型，测试渲染效果，如图4-73所示。

图4-73

4.5　渲染与后期处理

　　其余的材质只需在原有的基础上进行一定的调整即可，这里不再赘述。适当地调整整体的灯光强度，测试效果无误后就可以开始渲染。在场景中任意设置几个镜头，渲染效果如图4-74所示。

图4-74

图4-74（续）

将渲染好的成图导入Photoshop中进行后期处理。以镜头1为例简单讲解后期处理的一些要素，案例制作过程中的参数仅供参考。

01 将图片导入Photoshop，然后复制一层，如图4-75所示。

02 打开"色阶"进行调整，参数如图4-76所示，效果如图4-77所示。

图4-75

图4-76

图4-77

03 观察到画面整体偏黄，需要进行颜色修正。打开"色彩平衡"对话框，然后调整整体画面偏冷一点，如图4-78所示，效果如图4-79所示。

图4-78

图4-79

04 画面还是有些偏灰，继续打开"色阶"对话框进行调整，如图4-80所示，效果如图4-81所示。

图4-80　　　　　　　　　　　　　　　　　图4-81

05 按照以上的方法对其他镜头进行调整，效果如图4-82所示。

图4-82

在本书的所有案例中，均有使用了景深效果的效果图。有些读者可能对摄影机的景深操作不是很熟练，希望通过其他方法添加景深，这里就介绍一种通过深度通道在Photoshop中制作景深的方法。

第1步：深度通道在设置成图的渲染参数时就要添加在"渲染元素"面板中，如图4-83所示。

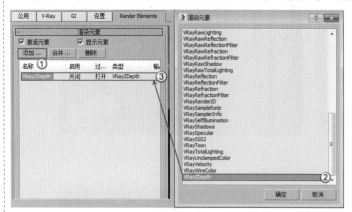

第2步：在"VRay Z 深度参数"中，需要设置"Z深度最大"的数值，如图4-84所示。该数值由摄影机包含场景的最大距离决定，需要通过摄影机的"远距剪切"的距离进行测定。

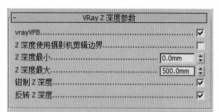

图4-83   图4-84

第3步：设置完毕后就可以随着成图一起渲染。渲染完成后会输出一张黑白灰显示的效果图，如图4-85所示。颜色越深的部分越远离摄影机，颜色越浅的部分越接近摄影机。

图4-85

第4步：在Photoshop中将深度通道与成图同时导入，然后使用"魔棒工具"或"色彩范围"命令选择需要进行模糊的部分。图4-86所示是笔者演示的选择区域。

图4-86

第5步：使用"高斯模糊"等同类命令模糊选中的区域，如图4-87所示。为了方便修改，一般都会将选中的区域复制成一个新的图层后再进行模糊操作。

要制作出接近于摄影机渲染效果的景深，就需要多分出几个模糊的图层，然后根据距离的远近控制模糊的程度。图4-88所示是笔者制作后的景深效果，虽然比起摄影机渲染的还有一定差距，但已经比较逼真了。

笔者建议景深效果还是在前期渲染时进行制作，后期效果会比渲染的效果差一些。

图4-87

图4-88

第 5 章

05

北欧风格创客培训室

视频长度：00:51:26

5.1 北欧风格空间的特点

　　本案例是将一间单独的房间改造为创客培训室，房间有一整面的落地窗，拥有非常好的采光，因此本案例采用北欧风格进行制作。北欧风格的空间拥有哪些特点，下面将逐一介绍。

5.1.1 宽敞的空间

　　北欧风格有点类似于现代风格，宽敞的空间和良好的自然采光是其最大的特点，如图5-1所示。北欧风格的空间都是以房间大框架为基础，没有多余的隔断造型，整体空间看起来十分宽敞通透。

图5-1

5.1.2 充分引用自然光

北欧地区由于光照时间较短，因此房间在设计时都充分地引用自然光源，大面积的落地窗、天窗等形式常见于北欧风格，如图5-2所示，充分引用自然光源，也会给人带来温馨感。

图5-2

5.1.3 简洁设计感的造型

　　北欧风格虽然也是欧式风格的一种，但不似法式、英式、地中海式和洛可可式等常见欧式风格那样拥有复杂的造型线条，也很少用到复杂的石膏线和护墙板。

　　具有设计感的家居也是北欧风格的一大特点，虽然在造型上看起来很简单，但通过不同线条的造型，可以让简单的家居有不同的变化，如图5-3所示。

图5-3

5.1.4 木材的大量运用

　　北欧风格崇尚自然，因此木材在空间中使用的比重很大。北欧风格的空间家居大多选用木质，也有的使用木质配彩色漆，如图5-4所示。

图5-4

5.1.5 色调简单

　　北欧风格的色调都很简单。白色、灰色和原木色是基本颜色，再搭配其他饱和度不高的颜色，如图5-5所示，搭配的颜色多是以软装物品体现，颜色不宜过多。

图5-5

5.1.6 布料多以棉麻为主

北欧风格崇尚自然感,棉麻在这方面就能与其呼应,如图5-6所示。像丝绸这类布料,在北欧风格的空间中基本很少见到。地毯也是北欧风格空间常用的物品,无论是长毛地毯还是短毛地毯,都可以与空间进行搭配。

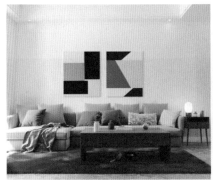

图5-6

5.2 案例设计思路

有了上一节介绍的北欧风格的基础知识,就可以着手进行场景的设计。场景的外体框架、屋顶和地面是按照房间原有的结构进行建模,有了场景整体框架后,笔者决定从空间结构改造、模型素材的选择与摆放着手进行前期的制作。

5.2.1 空间结构改造

图5-7所示是房间原有结构的模型。左侧走廊处是入户门所在位置,房间大致呈方形,但在上方有凸出的部分,下方是房间的窗户。笔者决定将培训用的投影幕布放在正对入户门的右侧墙壁上,椅子全部背对入户门,示意效果如图5-8所示。

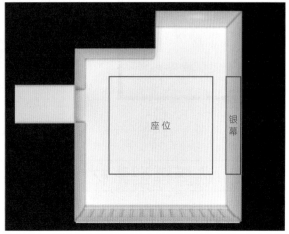

图5-7   图5-8

有了大致的方案后，还存在一个问题，房间上方凸出的部分该如何利用，笔者决定将其进行分隔，作为单独的使用单元。

1. 增加地台

使用地台可以对空间进行区域分隔，让地台所在的区域成为休闲区，如图5-9所示。

按照划定的区域，制作出地台的模型，如图5-10所示。在窗边也增加地台，这样培训的区域远离窗户，会较少受到噪声与阳光的影响。

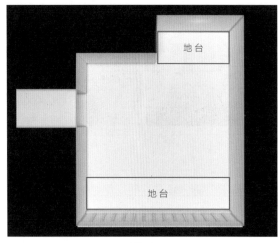

图5-9

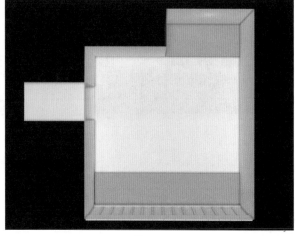

图5-10

2. 增加吊顶

为了与地台相呼应，笔者在地台的上方增加了吊顶，并在入户门一侧也增加了吊顶。在制作吊顶时，特意在吊顶的外侧留出了灯槽的位置，这样在后期布置灯光时增加灯带，可以让房间更有层次感。吊顶的位置如图5-11和图5-12所示。

此时房间自然而然就被划分为两部分，中间为培训区，两侧为休闲区，如图5-13所示。

图5-11

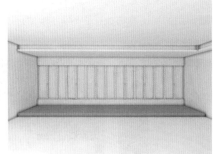

图5-12

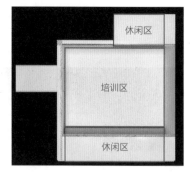

图5-13

5.2.2 选择模型素材

空间改造完成后，下面收集所需的模型素材。本案例整体空间为北欧风格，因此在模型素材上，就需要选择造型简单的家居。图5-14所示是笔者在网络上找的一些参考图，可以帮助我们找到合适的模型。

图5-14

通过上面图片的提示，场景需要沙发、茶几、椅子、投影幕布和书架等模型。笔者在网上和自己储备的模型库中找到较为合适的模型单体，如图5-15所示。这些模型结构简单，没有复杂的造型线条。由于是整体模型组，可能会带有一些装饰模型。

图5-15

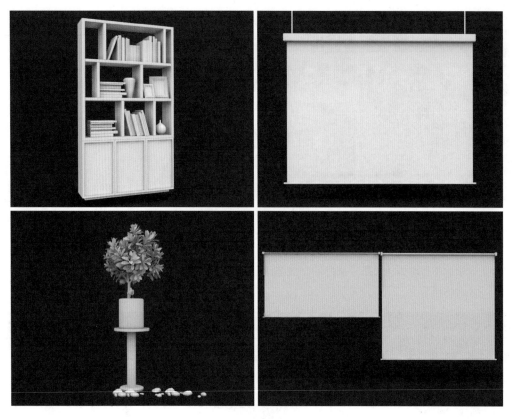

图5-15（续）

5.2.3 模型素材的摆放

选择好模型后，就可以按照5.2.1节中确定的方案进行摆放。

1. 幕布和投影仪

投影幕布摆放在房间右侧的墙壁位置，投影仪则相应地安装在屋顶，如图5-16所示。

2. 椅子

在培训区摆放椅子，面朝幕布方向，如图5-17所示。读者可以按照自己喜欢的形式摆放椅子，这里仅作为参考。

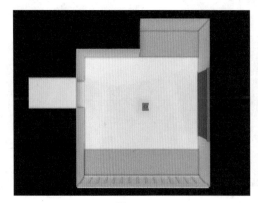

图5-16

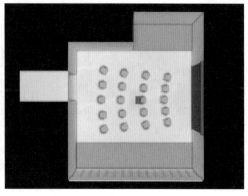

图5-17

3. 书架

笔者使用书架将休闲区进行分隔，形成4个相对独立的区域，如图5-18所示。

4. 沙发与茶几

笔者按照参考图中的形式，将沙发面对面摆放，中间放置茶几，如图5-19所示。

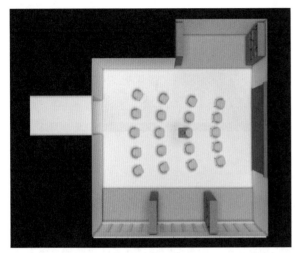
图5-18

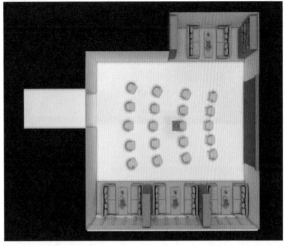
图5-19

5. 书柜

模型基本摆放完毕，但笔者觉得图5-20所示的位置比较空，需要放置点物品。

在图中红框标识处摆放书柜，这样不仅与书架相呼应，也可以让整面墙看起来不空。书柜是用书架的模型改造而成，如图5-21所示。

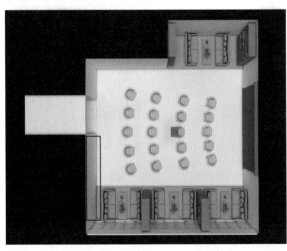
图5-20

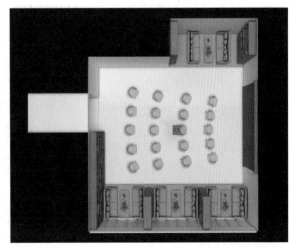
图5-21

6. 灯具

在5.2.2节中，笔者选择了一款造型独特的吊灯，将它们依次摆放在茶几的上方，如图5-22所示。

在培训区的上方，笔者选择了射灯作为光源，模型摆放位置如图5-23所示。射灯的位置不是固定的，尽量安排在过道的位置，避免灯光直射到座位上，而造成不适。

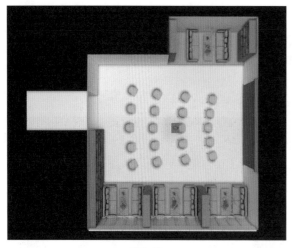
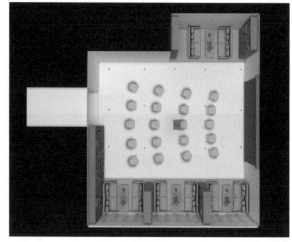

| 图5-22 | 图5-23 |

7. 装饰品

　　房间中的模型素材基本上摆放完毕，最后需要摆放一些装饰性的模型。笔者选择了植物和照片墙模型，如图5-24所示。

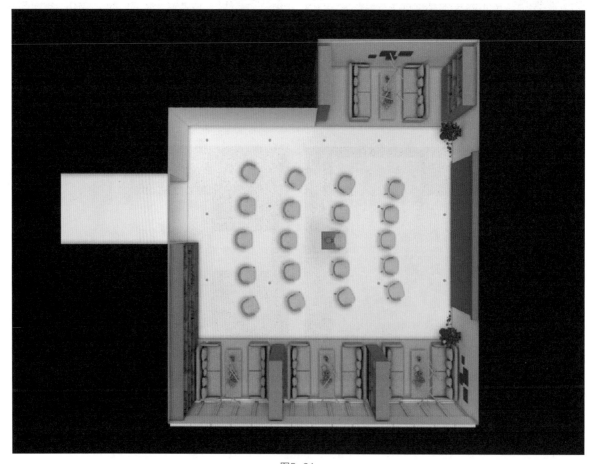

图5-24

　　至此，场景中的全部模型摆放完成，读者可参照设计思路设计自己喜欢的效果。

5.3 灯光创建

灯光是场景制作中很重要的一部分，可以明确场景的时间和氛围。本案例更注重体现场景的真实感，需要按照现实生活的光照规律布置场景中的灯光。

5.3.1 添加自然光源

北欧风格的空间注重自然光的使用，在本案例中将使用"VRay太阳"灯光配合"VRay天空"贴图模拟自然光源。

1．太阳光

`01` 使用"VRay太阳"在场景中创建一盏灯，然后系统会自动添加"VRay天空"贴图作为环境光。"VRay太阳"的位置如图5-25所示。

`02` 设置"VRay太阳参数"的"强度倍增"为0.03，然后设置"大小倍增"为3~5，接着设置"阴影细分"为8，最后设置"天空模型"为Preetham et al.，如图5-26所示。

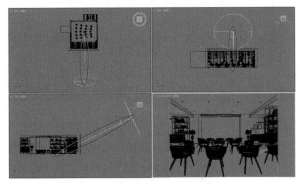

图5-25　　　　　　　　　　　　　　　　　　　　图5-26

`03` 测试渲染效果，如图5-27所示。

`04` 观察测试效果，笔者觉得太阳光强度有些弱。将"强度倍增"设置为0.05，效果如图5-28所示。

图5-27　　　　　　　　　　　　　　　　　　　　图5-28

技巧与提示

画面上方的白色光斑是光子计算错误导致的，在渲染成图时提高渲染参数即可消除。

2. 自然光

虽然"VRay天空"贴图也能提供自然光，但所提供的自然光很均匀，没有在窗口形成由明到暗的渐变效果。

01 笔者在窗外使用平面的"VRay灯光"模拟自然光，位置如图5-29所示。

图5-29

02 灯光的大小能遮挡住窗户即可，"颜色"设置为纯白色，"倍增"暂时设置为10.0，如图5-30所示。测试渲染效果，如图5-31所示。此时窗口形成了由明到暗的渐变效果，不仅增加了整体空间的亮度，也提升了层次感。

03 此时窗口处有些曝光过度，需要适当降低灯光的"倍增"数值。设置"倍增"为6.0，测试渲染效果，如图5-32所示。

图5-30

图5-31

图5-32

5.3.2 添加室内光源

自然光源添加完毕，下面添加室内光源。在本案例中需要添加灯槽的灯带和屋顶射灯的灯光。

1. 灯带

01 在吊顶建模时预留的灯槽中，使用"VRay灯光"模拟灯带的灯光，位置如图5-33所示。

02 灯光的大小以灯槽大小为准，"颜色"设置为黄色，"倍增"暂时设置为2.0，如图5-34所示，测试渲染效果如图5-35所示。

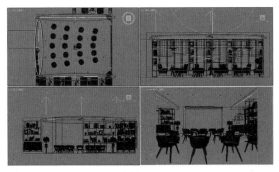
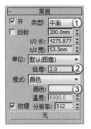

图5-33   图5-34   图5-35

技巧与提示

这里的灯光都勾选了"不可见"选项，在视图中渲染不出灯片的形状。

2. 射灯

01 用"目标灯光"模拟射灯的灯光，然后以"实例"形式复制到其余射灯模型下方，灯光位置如图5-36所示。

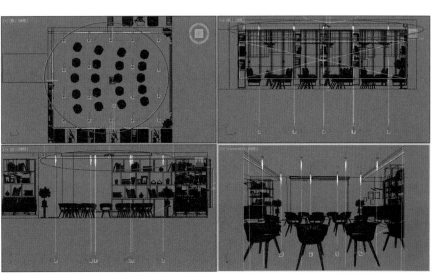

技巧与提示

需要注意射灯灯光不要穿插在模型内，否则渲染不出灯光效果。

图5-36

02 为"目标灯光"添加"中间亮.ies"灯光文件模拟射灯效果，灯光"过滤颜色"设置为浅黄色，"强度"大致设置为20000.0，如图5-37所示，渲染效果如图5-38所示。

技巧与提示

由于场景模拟的是白天，因此射灯的灯光不需要太强，仅仅表现出照射在地面的光斑即可。当然，本场景也可以不模拟射灯灯光。

所有的灯光数值都不一定是最终渲染成图时的数值，会根据材质效果进行一定的调整。

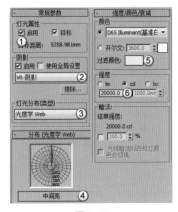

图5-37   图5-38

5.4 材质创建

材质是体现设计风格的重要一环。每种设计风格都会拥有自己特定的建筑材质和色彩搭配。掌握了每种风格的特点，才能让我们在设计不同建筑空间时更加得心应手。

书中所提供的材质参数仅作为参考，读者可根据材质原理来设置自己喜欢的效果。

5.4.1 房间框架

北欧风格的房间框架使用材料都相对简单，从5.1节的参考图中可以大致确定场景使用的一些材质。本节将讲解墙面、吊顶与地面部分的设计思路。

1. 吊顶使用的材质

北欧风格的吊顶基本为白色，这样从视觉上会给人一种房间很宽敞的感觉，因此本案例的吊顶也使用白色，材料就选用最常见的白色乳胶漆。

2. 墙面使用的材质

墙面颜色是确定场景主体色调的一个关键点，虽然北欧风格的空间墙面常常使用纯白色，但在5.1.5节的参考图中，也有空间使用了彩色的墙面。

饱和度不高的蓝灰色是笔者决定使用的颜色，原因有以下两点。

第1点：蓝灰色既不会显得墙面颜色很深，又能与吊顶的白色有所区分。

第2点：本案例空间的主要作用是培训，蓝色能产生让人平静的效果，更加适合学习。

读者也可以使用其他"高级灰"色系，比如绿灰色、黄灰色等。不建议使用红色系的颜色，容易让人产生亢奋的情绪，不利于学习。

> **技巧与提示**
>
> 不同的颜色能带给人不同的心理作用，在平时的设计中需要考虑到空间的作用而进行配色。下面简单介绍不同颜色的心理作用。
>
> **绿色：**绿色往往和复苏、生长、平静等心理暗示有关。
>
> **黄色：**黄色给人轻快、透明、充满希望的心理暗示。
>
> **紫色：**紫色是高贵、神秘、浪漫和奢华的象征。
>
> **蓝色：**蓝色是能让人平静的颜色，可以改善心情、提高睡眠质量。
>
> **青色：**青色有改善心情的作用，但一般在空间中运用较少。
>
> **粉色：**粉色是时尚的颜色，儿童和女性空间常用粉色进行装饰。
>
> **红色：**红色是与热量、活力、喜庆息息相关的情绪调节色。

3. 地面使用的材质

地面部分还包括地台，因此在材质上会有所区别。参考5.1节中的参考图，笔者决定将地台部分使用木地板，而地面部分则做了3个方案。

方案1：使用水泥自流平。

方案2：使用地砖。

方案3：使用地毯。

经过比较，笔者选择了方案3的地毯。本案例是一个培训空间，使用地毯可以最大限度地减少噪声，而其余两个方案都会产生不同程度的噪声。

4. 房间框架材质划分

图5-39所示是材质划分示意图，墙面和顶部使用乳胶漆，地面使用地毯和木地板。

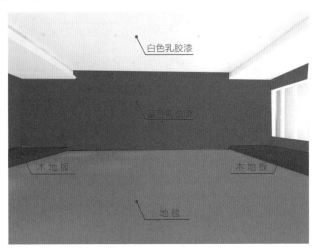

图5-39

5. 白色乳胶漆

白色乳胶漆材质具有低反射和粗糙这两个特点。这里笔者使用乳胶漆最简单的做法，设置"漫反射"为220左右的灰度，如图5-40所示，材质球效果如图5-41所示。

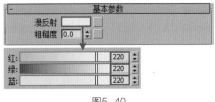

图5-40   图5-41

6. 蓝色乳胶漆

蓝色乳胶漆材质同白色乳胶漆材质一样，只是在颜色上不同。设置"漫反射"为（R:129，G:135，B:143），如图5-42所示，材质球效果如图5-43所示。

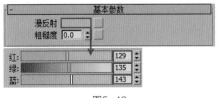

图5-42   图5-43

7. 地毯

地毯具有强烈的凹凸纹理，为了表现更真实的地毯效果，需要添加不一样的反射和光泽度，如图5-44所示，材质球效果如图5-45所示。

材质参数

① 在"漫反射"通道中加载一张"衰减"贴图，然后在"衰减"贴图的"前"和"侧"通道中加载一张深色地毯的贴图，接着设置"侧"通道量为90.0，再设置"衰减类型"为"垂直/平行"，这样地毯就能呈现绒毛的效果。

② 在"反射"和"反射光泽"通道中继续加载地毯贴图，然后设置"高光光泽"为0.65，这样地毯就具有大面积高光点，且有不同的反射和光泽度。

③ 在"凹凸"通道中加载一张地毯的纹理贴图，然后设置"凹凸"通道量为300.0。

 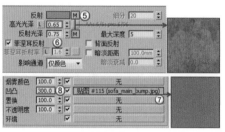 

图5-44　　　　　　　　　　　　　　　　　　　　　　图5-45

8. 木地板

木地板反射不强，呈亚光效果，如图5-46所示，材质球效果如图5-47所示。

材质参数

① 在"漫反射"通道中加载一张木地板贴图。

② 设置"反射"为80左右的灰度，然后设置"高光光泽"为0.5~0.6，接着设置"反射光泽"为0.8~0.85。增大高光范围，让木地板呈现亚光的模糊反射。

③ 在"凹凸"通道中加载"漫反射"通道中的木地板贴图，然后设置"凹凸"通道量为5.0。

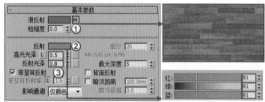  

图5-46　　　　　　　　　　　　　　　　　　　　　　图5-47

技巧与提示

为了避免木地板的色溢现象造成墙面颜色的变化，给木地板材质增加了"材质包裹器"，同时减小"生成全局照明"的数值。

9. 材质效果展示

将材质赋予模型，然后测试渲染效果，如图5-48所示。

图5-48

5.4.2 家具类

本节将讲解房间中的一些家具，包括书架、椅子和沙发组合。

1. 书架使用的材质

在5.1节中提到北欧风格的场景会大量使用木材，因此场景中的书架使用木质。

2. 沙发使用的材质

按照5.1节中的提示，沙发使用棉麻的布纹材质。沙发位于休闲区，因此不会选择单一的颜色装饰沙发，大致决定使用蓝色和黄色，当然绿色、橙色、灰色这些颜色都是可以的。不建议读者使用碎花或颜色过多的条纹图案，否则会让休闲区颜色繁复，打破整体空间的和谐。

3. 茶几使用的材质

茶几与书柜一样都使用木质，可以平衡沙发跳跃的颜色。

4. 椅子使用的材质

受5.2.2节参考图的启发，笔者决定将椅背部分使用彩色塑料。塑料轻便、易擦洗且不易损坏，椅子腿部一般使用不锈钢材质，鉴于整个场景中缺少深色，因此决定使用黑色金属，同样沙发腿部也使用黑色金属。

技巧与提示

黑色金属只是一个大致的概念，在现实中大多数是喷过黑漆的不锈钢。

5. 家具类材质划分

图5-49所示是笔者根据上面分析的结果做的材质划分示意图。

图5-49

6. 木质

制作木质材质，首先需要寻找合适的木纹贴图。

贴图选择

对于本案例中的木质贴图，笔者选择了一张浅色带木纹纹理的贴图，如图5-50所示。读者可以根据自己的喜好选择不同的贴图，但笔者建议最好选择带木纹纹理的贴图，如图5-51和图5-52所示的木纹贴图也是不错的选择。

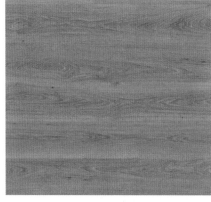

图5-50　　　　　　　　　　　　　图5-51　　　　　　　　　　　　　图5-52

本案例为北欧风格，现实中该种风格的家居多是用实木或者木纹贴面。这两种材质基本都是亚光效果，具体材质参数如图5-53所示，材质球效果如图5-54所示。

材质参数

① 在"漫反射"通道和"反射"通道中加载木纹贴图。

② 设置"高光光泽"为0.75左右、"反射光泽"为0.8左右。

③ 设置"反射"通道量为70~80。

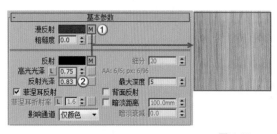

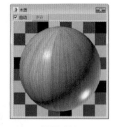

图5-53　　　　　　　　　　　　　　　　　　　　　　　　　　图5-54

7. 塑料

椅子的椅背部分是塑料材质，笔者将颜色设置为白、黄、绿和蓝4种颜色。这些材质除了"漫反射"的颜色不同，其余参数都是一样的，因此这里以一种颜色为例进行讲解，材质参数如图5-55所示，材质球效果如图5-56所示。

材质参数

① 设置"漫反射"颜色为黄色（R:236，G:162，B:82）。这里选择了一种饱和度不高的黄色，以满足整体的配色。

② 设置"反射"为80左右的灰度。

③ 设置"高光光泽"为0.7~0.75，然后设置"反射光泽"为0.8~0.85。

其余3种颜色的椅子的材质球效果，如图5-57~图5-59所示。

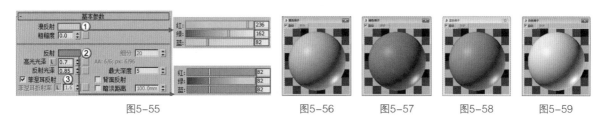

图5-55　　　　　图5-56　　　图5-57　　　图5-58　　　图5-59

8. 布纹

沙发使用布纹材质，这里选取蓝色的沙发布纹为例进行讲解，材质参数如图5-60所示，材质球效果如图5-61所示。

材质参数

① 在"漫反射"通道中加载一张"衰减"贴图，然后在"衰减"贴图的"前"和"侧"通道中加载一张蓝色布纹的贴图，接着设置"侧"通道为80，再设置"衰减类型"为"垂直/平行"，这样布纹就能呈现绒毛的效果。用"衰减"贴图制作出的布纹会呈现一种渐变效果，有点类似于绒布。

② 设置"反射"颜色为35左右的灰度，然后设置"反射光泽"为0.65。

③ 在"凹凸"通道中加载一张"混合"贴图，然后在"颜色#1"通道中加载一张褶皱贴图，接着在"颜色#2"通道中加载布纹凹凸贴图，再设置"混合量"为40.0，最后设置"凹凸"通道量为70.0。这样布纹就有两种形式的凹凸效果，显得更加逼真。

黄色沙发布纹材质球效果，如图5-62所示。

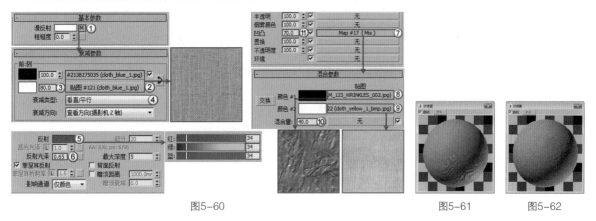

图5-60　　　　　　　　　　　　　图5-61　　　图5-62

9. 黑色金属

黑色金属呈现亚光磨砂效果，具体材质参数如图5-63所示，材质球效果如图5-64所示。

材质参数

① 设置"漫反射"颜色为灰度15左右的黑色。

② 设置"反射"为120左右的灰度。

③ 设置"高光光泽"为0.7~0.75，然后设置"反射光泽"为0.65~0.75，接着设置"菲涅耳折射率"为3.0。"菲涅耳折射率"的数值越大，材质的金属质感越强。

④ 设置"双向反射分布函数"的类型为"微面GTR（GGX）"。

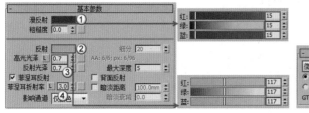

图5-63　　　　　　　　　　　　　　图5-64

10. 材质效果展示

将材质赋予模型，然后测试渲染效果，如图5-65所示。

图5-65

5.4.3 装饰类

场景中的大件模型材质确定后，下面调整装饰类模型的材质。

1. 投影幕布

导入的投影幕布模型是没有贴图的，只有基本材质。笔者在白色幕布的材质上增加了一张自己制作的贴图，体现空间的主题，如图5-66所示。

在场景中测试渲染效果，如图5-67所示。

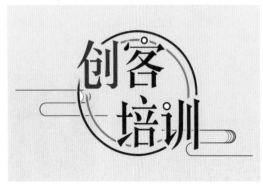

图5-66

图5-67

2. 窗帘

导入的窗帘材质没有半透明效果，如图5-68所示。

图5-68

笔者将窗帘的材质进行了修改，使其具有半透明的效果，具体参数如图5-69所示，材质球效果如图5-70所示。

材质参数

① 在"折射"通道中加载一张"衰减"贴图。

② 设置"衰减"贴图的"前"通道颜色为纯白色，然后设置"侧"通道颜色为25左右的灰度。"侧"通道的颜色越深，窗帘透明效果越差。

③ 设置"衰减类型"为"垂直/平行"。

④ 设置"光泽度"为0.95左右，然后设置"折射率"为1.01。

技巧与提示

使用"衰减"贴图控制窗帘的透明度，会使窗帘在不同角度下呈现更加真实的半透明效果。

测试渲染效果，如图5-71所示。

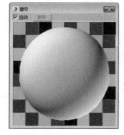

图5-69 　　　　　 图5-70 　　　　　 图5-71

3. 外景

本场景拥有大面积开窗，需要在窗外建立外景面片，然后赋予外景贴图，如图5-72所示是一张外景贴图。外景贴图一定要符合环境，本案例需要从窗户看出去的效果。

具体材质参数如图5-73所示。

材质参数

① 在"VRay灯光"材质的通道中加载外景贴图。

② 设置通道的强度为3.0。

测试渲染效果如图5-74所示。

图5-72   图5-73   图5-74

4. 材质效果展示

将吊灯模型和装饰品的模型做一些细微的调整后，材质最终测试效果，如图5-75所示。

图5-75

5.5 渲染与后期处理

材质设置完毕后，根据测试结果调整灯光参数。在场景中任意设置几个镜头，渲染效果如图5-76所示。

图5-76

将渲染好的成图导入Photoshop中进行后期处理。以镜头1为例简单讲解后期处理的一些要素。案例制作过程中的参数仅供参考。

01 将图片导入Photoshop，然后复制一层，如图5-77所示。

02 打开"色阶"对话框进行调整，参数如图5-78所示，效果如图5-79所示。在本案例中建立了4个不同方向的摄影机，为了照顾每一个镜头呈现的亮度，某些镜头的灯光会偏暗。

图5-77

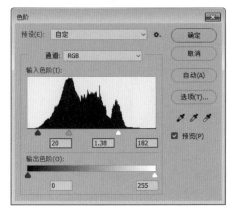

图5-78

图5-79

03 此时画面虽然亮度合适，但缺少阳光的暖色。打开"色彩平衡"对话框，然后调整画面偏暖一点，如图5-80所示，效果如图5-81所示。

图5-80   图5-81

04 打开"自然饱和度"对话框，然后设置"自然饱和度"为-10，如图5-82所示，效果如图5-83所示。降低一点饱和度可以使画面看起来更加真实。

图5-82   图5-83

> **技巧与提示**
>
> 　　笔者的个人习惯是在前期3ds Max的渲染中，将场景的材质和灯光层次调整到最佳状态，在后期Photoshop的处理中只调整亮度、对比度和细微的色彩平衡。

05 按照以上的方法对其他镜头进行调整，效果如图5-84所示。

图5-84

图5-84（续）

技巧与提示

笔者前面提到了"高级灰"这个概念，那么什么是"高级灰"，该如何使用？下面将逐一进行讲解。

"高级灰"并不是灰色，它指的是一个色系，泛指低纯度（可以简单地理解为更淡，更接近灰色）、高明度的色彩，比如常见的紫灰、蓝灰和黄灰都属于"高级灰"。"高级灰"共分为40色25个颜色。意大利著名的灰调大师，乔治·莫兰迪是这样表现"高级灰"的，如图5-85所示。

图5-85

所谓"高级"有两点解释。

第1点：接近灰色的色系，但不是一片死灰。

第2点：色彩搭配要漂亮，尽量做到每一种颜色在空间中都是和谐的，甚至表现出某一种特定倾向的氛围。

简而言之，搭配得好就叫"高级灰"，搭配不好那只能叫灰。图5-86所示就是不错的"高级灰"搭配空间。

那么应该怎样搭配"高级灰"，下面简单介绍一下搭配原则。

第1点：确保有足够的自然采光或暖光照明。整体色彩偏暗的灰色系，对采光的要求比较高，否则时间久了容易显得压抑。房间光线要充足，光线不足可以用照明或者搭配一些亮色来弥补。结合本案例，大面积的开窗就拥有良好的自然采光，再加上彩色的椅子和沙发，提供了亮色部分。

第2点：定好"高级灰"的色调。比如棕灰色偏柔和，粉灰色体现精致的少女感，蓝灰色偏冷。

第3点："高级灰"色系注意冷暖搭配。比如棕灰色是偏暖的，应该适当加一些小面积冷色调的"高级灰"进行搭配；而蓝灰色是偏冷的，常与木色或棕色搭配，让空间体现出温馨感；黄灰色调的"高级灰"空间，所有的颜色都很浅，接近于白色，于是辅以偏暖的木材进行平衡。结合本案例，蓝灰色的墙面和木质的茶几与书柜，就是一种冷暖搭配的方式。

图5-86

第4点：增加对比色。色调仅仅是场景所烘托出的整体效果，不代表不可以加入"高级灰"以外的颜色。可以在灰色调的基础上，增加少量纯度高的对比色，起到点亮空间的作用。结合本案例，蓝色和黄色的沙发，就是起到点缀场景的作用。

图5-87所示是不错的"高级灰"搭配空间。

下面简单介绍一些"高级灰"的搭配组合。

1. 灰色＋白色＋黑色。

无论是工业风的冷酷,还是现代简约的利落,"高级灰"都可以带来一种时尚又酷炫的感觉,而这类色彩的搭配都有一个共性,那就是"灰＋白＋黑"的搭配,如图5-88所示。

图5-87

图5-88

2. 粉色＋灰色。

柔美的粉色彰显着女性的温柔,淡雅的色调直击内心,以黑色稳固空间的整体视感,再以深灰色家居将层次铺展,最后加入耀眼的金色进行装饰,如图5-89所示。

3. 蓝色＋灰色。

如果说灰色演绎出优雅,蓝色缔造出高贵,那么将两者结合则可以呈现出完美的时尚搭配。"高级灰"与蓝色的组合是色彩中的绅士,优雅范总是令人格外着迷与沉醉,如图5-90所示。

4. 黄色＋灰色。

"高级灰"的优雅总是弥漫着一股清冷的气息,而俏丽的黄色软装或者原木则恰好进行了填补,如图5-91所示。

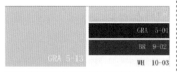

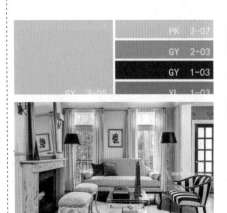

图5-89

图5-90

图5-91

第 6 章

工业风格创客书吧

06

视频长度：01:14:33

6.1 案例设计思路

　　本案例是一个大面积平层空间，屋顶裸露着管线，很适合工业风格。客户希望将空间主体作为书吧，并配备创客培训和办公的功能。在第3章中，笔者介绍了工业风格空间的特点，这里不再赘述。

6.1.1 空间结构改造

　　整个空间是一个平层结构，如图6-1所示，图中的上方和右侧有开窗，采光良好，下方有入户门方便人员进出。如何将空间进行改造，以达到客户所需的要求，是这个案例最重要的部分。

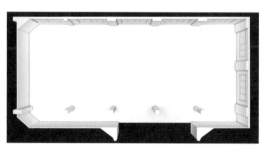

图6-1

客户的要求有3个要素：书吧、创客培训空间和创客办公空间。笔者依据这个要求，将空间进行一定的改造。

1. 培训空间

首先划分培训空间。要有一个相对独立且封闭的区域作为培训空间，这样不会对书吧的顾客和办公的创客造成太大的影响。笔者决定将这个区域安排在整个空间的左侧，如图6-2所示。这部分区域的墙壁面积更多，只有两扇窗户，所受到外部噪声的干扰也少。

笔者在图6-2所示红线的位置建立了一堵墙体，用来分隔这个区域，如图6-3所示。两侧留出的空隙作为进出这个区域的通道。

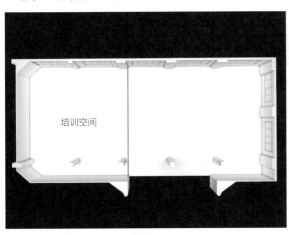

图6-2

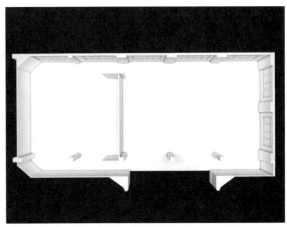

图6-3

2. 办公空间

下面划分办公空间。观察剩余的区域，在入户门的右侧有一片相对独立的区域，如图6-4所示。

笔者想到两个方案分隔这个区域。

方案1：建立墙体，形成独立空间。

方案2：建立地台，在地面高度上进行区分，从而达到划分区域的效果。

如果建立墙体会将原有宽敞的空间变得狭小，而且整个空间是一个书吧，相对安静，因此笔者决定采用方案2，效果如图6-5所示。

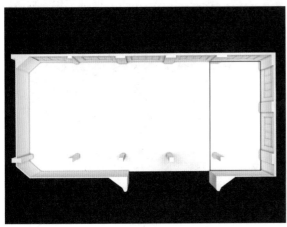

图6-4

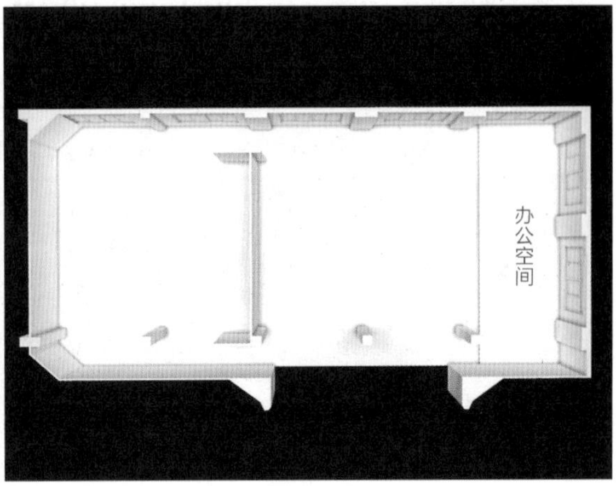

图6-5

3. 书吧

两大功能区域划分完成后，剩余的中间部分就是书吧的位置，如图6-6所示。

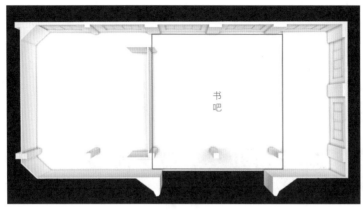

图6-6

书吧和办公区域相通，可以作为办公区域的一部分，在没有培训的时候，培训空间即可作为阅览室，这样3个看似独立的空间又能相互使用，最大限度地提升了空间的利用率。

6.1.2 选择模型素材

本案例是以书吧为基础的空间，因此在选择素材时就需要参考这方面的图片。图6-7所示是工业风格的书吧，可以作为我们选择素材时的参考。

图6-7

1. 书吧区域

通过前面图片的提示，在书吧区域需要吧台、桌椅组合和书架模型。笔者在网上和自己储备的模型库中找到较为合适的模型单体，如图6-8所示。这些模型结构简单，没有复杂的造型线条，由于是整体模型组，可能会带有一些装饰模型。

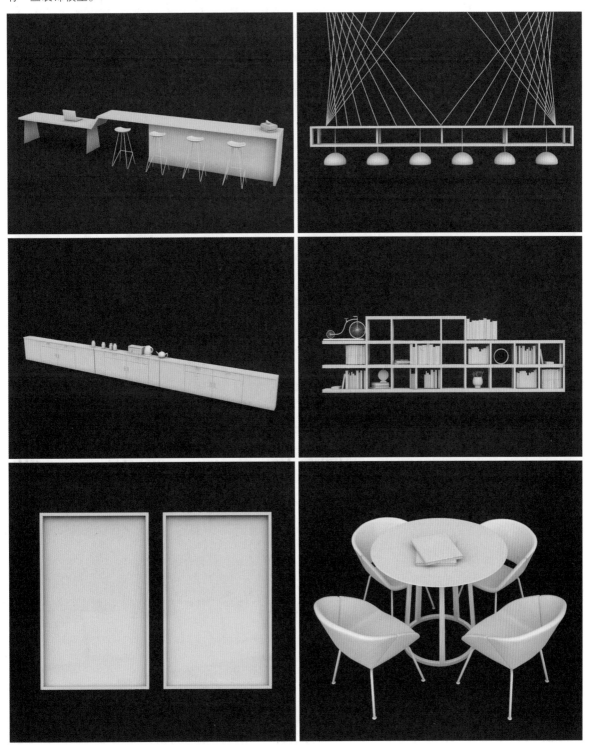

图6-8

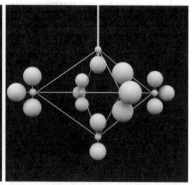

图6-8（续）

2. 办公区域

办公区域最主要的就是办公桌椅组合，如图6-9所示。

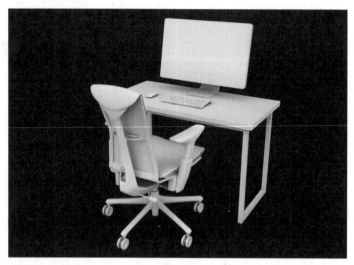

图6-9

3. 培训区域

培训区域需要座位、坐垫、靠垫和投影仪，如图6-10所示。

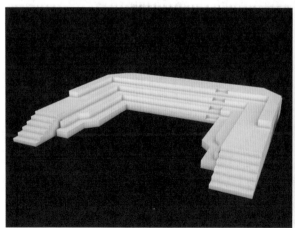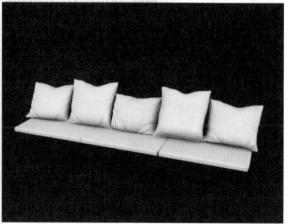

图6-10

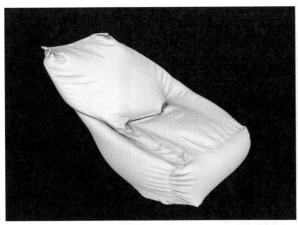

图6-10（续）

6.1.3 模型素材的摆放

选择好模型后，就可以按照6.1.1节中划分的空间区域摆放模型。

1. 阶梯座位

笔者参照阶梯教室的原理制作了阶梯座位的模型，如图6-11所示。相比于普通的座椅，阶梯座位的空间利用率更高，而且更加自由。

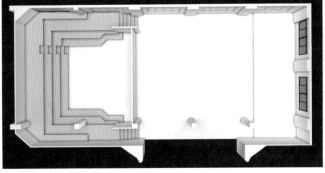

图6-11

2. 投影仪

在座位对面的墙上安装投影幕布，方便培训教学演示，如图6-12所示。

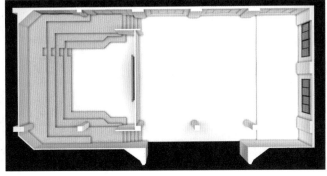

图6-12

3. 吧台

吧台的位置也很容易确定，投影幕布背后的墙面适合放置吧台，这个位置也正好对着入户门，如图6-13所示。

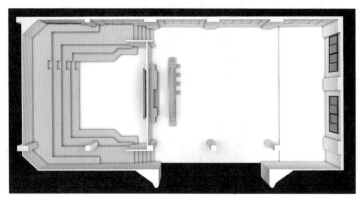

图6-13

4. 桌椅组合

吧台的位置确定后，就可以在书吧区域摆放选定的桌椅组合。桌椅组合的位置自定，笔者简单地摆放了5组，如图6-14所示。

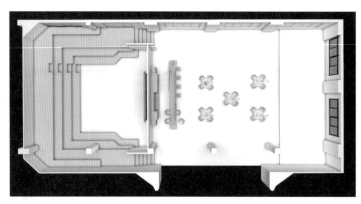

图6-14

5. 办公桌椅

办公桌椅的位置位于地台上。将之前选定的一组桌椅进行复制组合，如图6-15所示。读者可按照自己的方案进行摆放，这里为笔者提供一种参考方式。

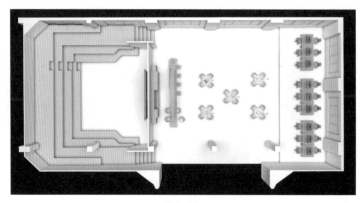

图6-15

6. 书柜

在6.1.2节中选定了两种书柜样式，一种是圆形书柜，摆放在书吧区域内；另一种是普通的立式书柜，摆放在墙边以遮挡柱子，如图6-16所示。

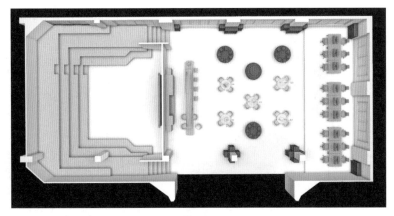

图6-16

至此，场景中全部的模型摆放完成，读者可请参照设计思路设计自己喜欢的效果。

6.2 灯光创建

灯光是场景制作中很重要的一部分，可以明确场景的时间和氛围。本案例更注重体现场景的真实感，需要按照现实生活的光照规律布置场景中的灯光。

6.2.1 添加自然光源

不同于第3章中阴天效果的办公空间，本案例笔者采用日光效果。

01 使用"VRay太阳"工具在场景中创建一盏灯，然后添加"VRay天空"贴图作为环境光，"VRay太阳"的位置如图6-17所示。

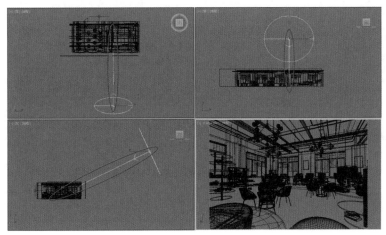

图6-17

02 设置"VRay太阳参数"的"强度倍增"为0.1左右，然后设置"大小倍增"为3~5，接着设置"阴影细分"为8，最后设置"天空模型"为Preetham et al.，如图6-18所示。

03 测试灯光效果，如图6-19所示。观察灯光效果，阳光的强度已经合适。

图6-18   图6-19

6.2.2 增强空间感

虽然在上一节中添加的太阳光强度合适，但是场景整体的空间感还不够，需要在窗外和入户门外用灯片模拟自然光照射的效果。

1. 窗口自然光

01 在窗外使用平面的"VRay灯光"作为自然光，位置如图6-20所示。

02 灯光的大小能遮挡住窗户即可，"颜色"设置为纯白色，"倍增"暂时设置为10.0，如图6-21所示。

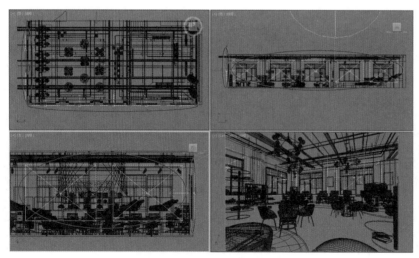

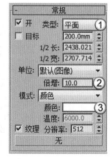

图6-20   图6-21

03 测试灯光效果，如图6-22所示。窗外的灯光不仅增加整体空间的亮度，也提升了空间层次感，但是在入户门方向的自然光却很弱，需要补充灯光，如图6-23所示。

图6-22

图6-23

2. 入户门自然光

01 在入户门外创建一个平面的"VRay灯光"模拟自然光，位置如图6-24所示。

图6-24

02 灯光的大小能遮挡住入户门即可，"颜色"设置为天蓝色，"倍增"暂时设置为3.0，如图6-25所示。

03 测试灯光效果，如图6-26所示。此时灯光强度合适，画面也有冷暖对比。

图6-25

技巧与提示

这里的灯光没有设置为白色，是因为入户门一侧没有受到阳光的直接照射，环境光的颜色与"VRay天空"贴图的蓝色一致，是对"VRay天空"贴图的一种增强。

图6-26

6.2.3 添加室内光源

　　下面添加室内光源。在本案例中，需要添加的室内光源是吧台和桌椅上方的吊灯，以及培训区域内的日光灯。

1. 吧台吊灯

01 在吧台上的吊灯内创建一个球形灯光，位置如图6-27所示。

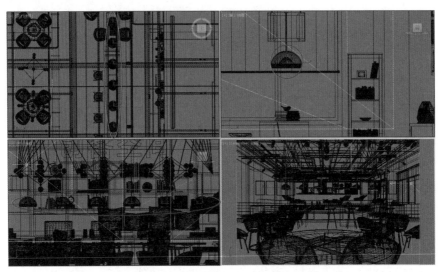

图6-27

02 灯光的大小不要超过灯罩即可，"颜色"设置为浅黄色，"倍增"暂时设置为80.0，如图6-28所示。

03 测试灯光效果，如图6-29所示。

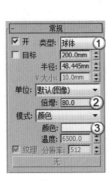

图6-28　　　　　　　　　　　　　图6-29

技巧与提示

　　吧台的吊灯除了使用球体灯光，还可以使用圆形灯光。

2. 圆桌吊灯

01 在圆桌上方的吊灯灯罩中，创建球体灯光模拟灯泡，位置如图6-30所示。

图6-30

02 灯光的大小不要超过灯罩即可，"颜色"设置为浅黄色，"倍增"暂时设置为40.0，如图6-31所示。

03 测试灯光效果，如图6-32所示。

图6-31   图6-32

技巧与提示

　　笔者在测试灯光时，给场景添加了白色的覆盖材质，在测试带透明效果的灯罩模型时，需要将模型排除在覆盖材质之外，否则无法观察到灯光效果。

3. 日光灯

日光灯的灯光使用"VRay灯光"材质进行模拟。

01 打开"材质编辑器"，将一个空白材质球转换为"VRay灯光"材质，然后设置"颜色"为白色，强度暂时为3.0，如图6-33所示。

图6-33

技巧与提示

　　日光灯的灯光也可以用"目标灯光"进行模拟，但必须选择日光灯类型的ies文件。

02 将材质球赋予灯片模型，然后测试效果，如图6-34所示。

图6-34

6.3 材质创建

　　材质是体现设计风格的重要一环。每种设计风格都会拥有自己特定的建筑材质和色彩搭配。掌握了每种风格的特点，才能让我们在设计不同建筑空间时更加得心应手。

　　书中所提供的材质参数仅作为参考，读者可根据材质原理来设置自己喜欢的效果。

6.3.1 墙面类

　　工业风格的墙面材质多用红砖、乳胶漆等材料，本节将根据场景确定墙面使用的材质类型。

1. 墙面材质方案

　　墙面的颜色是确定场景主体色调的一个关键点。在第3章的案例中，笔者使用了砖墙与乳胶漆的墙面组合。在本案例中，笔者觉得砖墙显得过于厚重，决定采用不同颜色的乳胶漆粉饰墙面。

2. 乳胶漆位置划分

　　怎样将不同颜色的乳胶漆相结合就是墙面设计的重点。图6-35所示是笔者划分的不同颜色乳胶漆的大致范围，柱子和隔断墙面粉刷蓝色乳胶漆，其余部分粉刷白色乳胶漆。

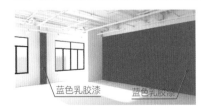

图6-35

3. 蓝色乳胶漆

同第3章案例中的乳胶漆一样，蓝色乳胶漆材质只需要调整材质的"漫反射"颜色为深蓝色即可，笔者使用了带有灰度的深蓝色，具体参数设置如图6-36所示，材质球效果如图6-37所示。

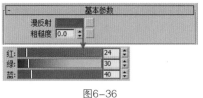

图6-36   图6-37

4. 白色乳胶漆

白色乳胶漆与蓝色乳胶漆一样，只需要设置"漫反射"颜色为白色即可，具体参数设置如图6-38所示，材质球效果如图6-39所示。

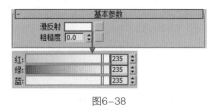

图6-38   图6-39

5. 材质效果展示

将材质赋予划分好的模型区域，然后测试渲染效果，如图6-40所示。

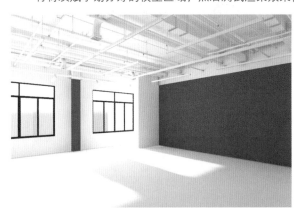

图6-40

技巧与提示

若有读者觉得乳胶漆的墙面不能充分体现工业风格，也可以在粉刷乳胶漆的墙面添加砖墙的纹理，如图6-41所示的墙面是一种参考效果。

图6-41

6.3.2 地面类

工业风格的地面适用很多种材料，本节将根据场景确定地面使用的材质。

1. 地面材质方案

在第3章的案例中讲了工业风格场景适用的地面有水泥、木地板、拼砖和地毯等，这些元素都可以在本案例中加以使用。

笔者经过思考做出了两种方案。

方案1：办公区域的地台使用木地板，其余部分使用水泥。

方案2：在方案1的基础上，培训区域使用地毯。

最终笔者选择了方案2，参考第5章案例，培训区使用地毯能减少走动时产生的噪声，方案大致效果如图6-42所示。

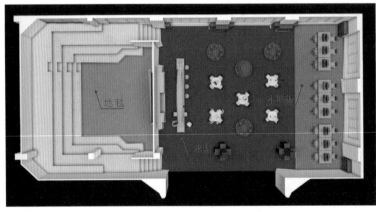

图6-42

2. 木地板

木地板呈现亚光，但较为光滑，具体材质参数如图6-43所示，材质球效果如图6-44所示。

材质参数

① 在"漫反射"通道中加载木地板贴图，最好选择地板缝隙纹理明显的贴图，因为地台部分笔者只是简单建模，没有做出木地板的缝隙纹理。

② 设置"反射"颜色为140左右的灰度，然后设置"高光光泽"为0.7~0.75、"反射光泽"为0.85~0.9。增大高光范围，能让地板呈现亚光的模糊反射。

③ 在"凹凸"通道中加载木地板贴图，然后设置通道量为-30.0。

图6-43   图6-44

3. 水泥

水泥地面呈现不同的反射强度和粗糙程度，这就需要用贴图去完成，具体材质参数如图6-45所示，材质球效果如图6-46所示。

材质参数

① 在"漫反射"通道中加载带纹理的水泥贴图。

② 设置"反射光泽"为0.85~0.9。

③ 在"反射""反射光泽"和"凹凸"通道中加载与"漫反射"通道相同的水泥贴图，然后设置"反射"通道量为60~70、"反射光泽"通道量为40~60、"凹凸"通道量为5~10。

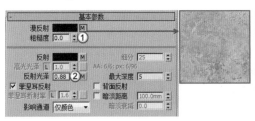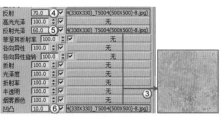

图6-45　　　　　　　　　　　　　　　　　　　　　　　　　　图6-46

4. 地毯

地毯材质最重要的是表现地毯的毛绒纹理，具体材质参数如图6-47所示，材质球效果如图6-48所示。

材质参数

① 在"漫反射"通道中加载"衰减"贴图，然后在"衰减"贴图的"前"和"侧"两个通道加载地毯贴图，接着设置"侧"通道量为70~90，再设置"衰减类型"为"垂直/平行"。设置"侧"通道的通道量，是让白色与贴图进行混合后减淡贴图颜色，从而让地毯呈现深浅不同的变化。

② 在"反射"通道和"反射光泽"通道中加载地毯的黑白纹理贴图，使地毯拥有不同的反射度和光泽度。

③ 在"凹凸"通道加载一张地毯的凹凸贴图，然后设置通道量为-200.0。

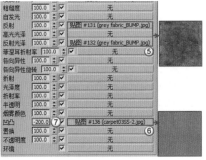

图6-47　　　　　　　　　　　　　　　　　　图6-48

技巧与提示

"垂直/平行"的衰减类型是让"前"通道呈现垂直视角的颜色、"侧"通道呈现平行视角的颜色。该类型常用于制作毛绒布料。

5. 材质效果展示

将材质赋予模型，然后测试渲染效果，如图6-49所示。

图6-49

6.3.3 吊顶类

工业风格的吊顶具有明显的特征，本节将根据场景确定吊顶使用的材质。

1. 吊顶材质划分

工业风格空间的最大特点就是暴露的管线，因此笔者将其全部涂上黑漆。在办公区域的上方建立了石膏吊顶，以此与书吧区域进行区分。培训区域是单独的房间，因此整体还是黑色吊顶，大致划分效果如图6-50所示。

图6-50

2. 黑漆

黑漆的反射不强，整体呈亚光效果，具体材质参数如图6-51所示，材质球效果如图6-52所示。

材质参数

① 设置"漫反射"颜色为黑色，取值范围为0~10。

② 设置"反射"颜色为80左右的灰度。

③ 设置"高光光泽"为0.6~0.65，然后设置"反射光泽"为0.6~0.65。降低"反射光泽"的数值，使黑漆呈现磨砂质感。

图6-51   图6-52

3. 材质效果展示

由于白色石膏与白色乳胶漆在材质制作上基本相同，笔者就直接使用白色乳胶漆材质赋予吊顶。将材质赋予划分好的模型区域，然后测试渲染效果，如图6-53所示。

图6-53

6.3.4　桌椅类

本案例的桌椅由培训区的阶梯、办公区的办公桌椅和书吧的桌椅与吧台组成。

1. 桌椅类材质划分

除了笔者手动建模制作的阶梯座位没有材质外，其余的模型都是外部导入，自带材质，因此笔者将模型自带的材质进行了整理，将其划分为两大类，浅色木纹和深色木纹。

浅色木纹：用于大面积的阶梯台阶、圆桌椅和办公桌椅。

深色木纹：用于吧台、配套的操作台和壁挂架。

2. 浅色木纹

制作浅色木纹材质之前，首先需要选择合适的木纹贴图。

贴图选择

笔者选择了3张浅色木纹贴图作为备选，将贴图赋予模型，并调整贴图坐标，测试效果如图6-54所示。

图6-54

笔者在对比后选择了最后一张。最后一张木纹纹理感更强，效果更加逼真。

贴图制作

选定了贴图后，笔者将这张贴图导入Photoshop中，经过去色和调整色阶，得到一张黑白贴图，作为反射贴图和凹凸贴图使用，如图6-55所示。

具体参数如图6-56所示。材质球效果如图6-57所示。

材质参数

① 在"漫反射"通道加载选择的木纹贴图。

② 设置"高光光泽"为0.7~0.75，然后设置"反射光泽"为0.8~0.85。

图6-55

③ 在"反射"通道和"凹凸"通道加载修改后的黑白贴图，然后设置"凹凸"通道量为5.0。

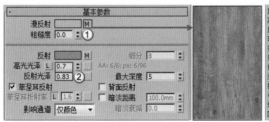

图6-56

图6-57

3. 深色木纹

制作深色木纹材质之前，首先需要选择合适的木纹贴图。

贴图选择

笔者选择了两张深色的木纹贴图，如图6-58所示。经过对比后，笔者觉得第2张贴图更合适。

图6-58

深色木纹与浅色木纹类似，都是亚光木纹，材质的具体参数如图6-59所示，材质球效果如图6-60所示。

材质参数

① 在"漫反射"通道中加载深色木纹贴图。

② 设置"反射"为80左右的灰度，然后设置"高光光泽"为0.6~0.65，接着设置"反射光泽"为0.7~0.8。

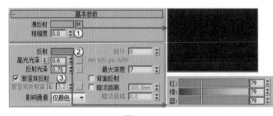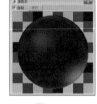

图6-59　　　　　　　　　　　　　图6-60

4. 皮革

圆桌的椅子和吧台的椅子，使用了不同颜色的皮革材质，这里以绿色皮革为例进行讲解，材质的具体参数如图6-61所示，材质球效果如图6-62所示。

材质参数

① 在"漫反射"通道中加载"衰减"贴图，然后设置"衰减"贴图的"前"通道为深绿色、"侧"通道为浅绿色。

② 设置"反射"为20左右的灰度，然后设置"反射光泽"为0.6~0.65。降低"反射光泽"的数值，让皮革呈现磨砂质感。

③ 在"凹凸"通道中加载一张皮革的纹理贴图，然后设置通道量为60.0。

黄色皮革的材质球效果，如图6-63所示。

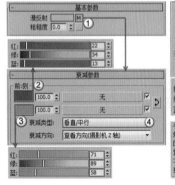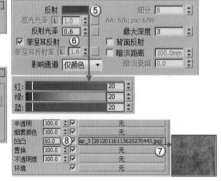

图6-61　　　　　　　　　　　图6-62　　　　图6-63

5. 黑铁

工业风格的家具大多有金属部分，因此笔者将桌腿、椅子腿和灯架都赋予黑铁材质。材质的具体参数如图6-64所示，材质球效果如图6-65所示。

材质参数

① 设置"漫反射"为黑色。

② 设置"反射"为40左右的灰度，然后设置"高光光泽"为0.6~0.65、"反射光泽"为0.75~0.85，接着设置"菲涅耳折射率"为3~6。

③ 设置"双向反射分布函数"的类型为"微面GTR（GGX）"，然后设置"各向异性"为0.5、"旋转"为90.0。

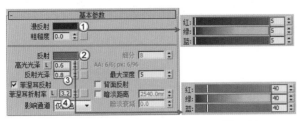

图6-64

图6-65

6. 材质效果展示

将设置好的材质赋予模型，然后测试渲染效果，如图6-66所示。

图6-66

6.3.5 其他类

本节需要确定场景中其他模型的材质。

1. 书架

两种书架模型都使用深色木纹作为主材质，而圆形书架中心支撑部分使用黑铁材质，如图6-67所示。

图6-67

2. 投影幕布

投影幕布模型是笔者从第5章案例中导出的模型，因此也带有上一个案例的材质和贴图，如图6-68所示。

图6-68

3. 窗帘

窗帘模型也是从第5章案例中导出的模型，因此也带有材质，如图6-69所示。

图6-69

4. 坐垫

坐垫是类似于绒布的材质，具体参数如图6-70所示，材质球效果如图6-71所示。

材质参数

① 在"漫反射"通道中加载一张"衰减"贴图。

② 在"衰减"贴图中设置"前"通道颜色为深黄色，然后设置"侧"通道颜色为浅黄色，接着设置"衰减类型"为"垂直/平行"。

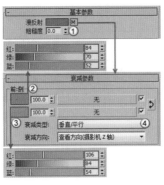　　　　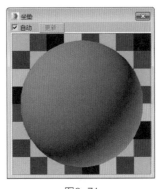

　　　图6-70　　　　　　　　　　图6-71

5. 靠垫

靠垫的材质相对于坐垫就简单很多，只是在"漫反射"通道中加载布纹贴图即可。图6-72所示是笔者选择的靠垫布纹贴图。

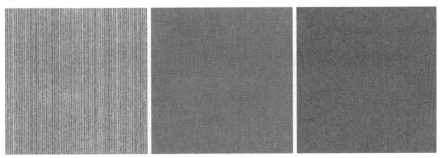

图6-72

材质球效果如图6-73所示。

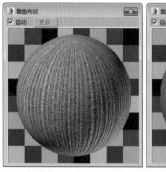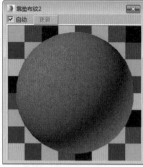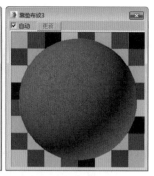

图6-73

6. 外景

本场景拥有大面积开窗，需要在窗外建立外景面片，然后赋予外景贴图，如图6-74所示是笔者找的一张外景贴图。
具体材质参数如图6-75所示，材质球效果如图6-76所示。

材质参数

① 在"VRay灯光"材质的通道中加载外景贴图。

② 设置通道的强度为1.0。

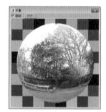

图6-74	图6-75	图6-76

7. 材质效果展示

将材质赋予指定模型，测试渲染效果，如图6-77所示。

图6-77

6.4 渲染与后期处理

其余材质在原有模型材质的基础上进行部分修改，只要整体渲染效果良好就可达到目的。在场景中任意设置几个镜头，渲染效果如图6-78所示。

图6-78

将渲染好的成图导入Photoshop中进行后期处理。以镜头1为例简单讲解后期处理的一些要素，案例制作过程中的参数仅供参考。

01 将图片导入Photoshop，然后复制一层，如图6-79所示。

02 打开"色阶"对话框进行调整，参数如图6-80所示，效果如图6-81所示。

图6-79

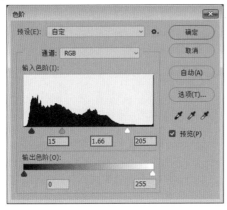

图6-80

图6-81

03 此时画面虽然亮度合适，但缺少阳光的暖色。打开"色彩平衡"对话框，然后调整整体画面偏暖一点，如图6-82所示，效果如图6-83所示。

图6-82   图6-83

04 观察调整后的效果，还需要适当增加画面的亮度。打开"亮度/对比度"对话框，然后提亮画面亮度，如图6-84所示，效果如图6-85所示。

图6-84   图6-85

技巧与提示

当效果图室内亮度合适时，室外的亮度一定要远大于室内，最好有曝光发白的效果，这样处理后的效果图就更接近于现实世界。

---

05 打开"自然饱和度"对话框，然后设置"自然饱和度"为–10，如图6-86所示，效果如图6-87所示。降低一点饱和度可以使画面看起来更加真实。

图6-86

图6-87

06 按照以上的方法对其他镜头进行调整，效果如图6-88所示。

图6-88

图6-88（续）

第 7 章

新中式风格创客艺术展厅

07

视频长度：00:57:39

7.1 空间设计思路

本案例是将一个二层小楼进行改造，使其成为艺术类创客的作品展厅，并兼具休闲的用途。相对于其他风格，新中式风格更适合艺术类展示空间。

7.1.1 空间结构改造

本案例的空间在使用功能划分上相对于其他案例更为简单，只需按照楼层进行划分即可。一楼作为艺术展厅，方便参观者进行参观，二楼作为休闲茶室，为创客提供与客户洽谈业务的场所。

图7-1所示是一层的空间结构。房间中的拐角墙体是楼梯的位置，因为不是空间的重点表现物体，笔者并没有进行建模。

经过测量后，笔者在楼梯后建立了一堵墙体，将房间进行了分隔，如图7-2所示。空间的一层与二层结构完全一致，因此将分隔的墙体高度设定为两层的高度。

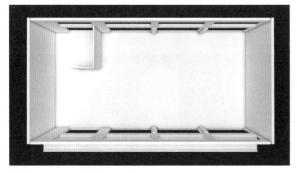 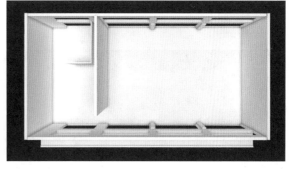

图7-1   图7-2

7.1.2 空间结构划分

此时房间被分隔为左右两个区域，左边的区域为走廊，方便参观者进出，右边区域的一层为展厅，二层为休闲茶室，如图7-3所示。

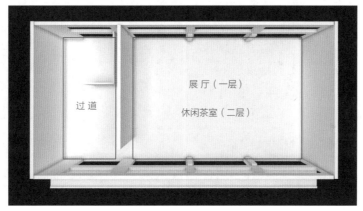

图7-3

经过改造后，上下楼的人群与展厅和休闲茶室的人群完全分离，通过分隔墙留出的门进出不同空间。

7.1.3 选择模型素材

本案例是以展厅和茶室为主的创客空间，因此在选择素材时就需要参考相关的图片，如图7-4所示。

图7-4

1. 展厅区域

通过前面图片的提示，在展厅区域需要多种类型不同的展柜，笔者选取了3种类型的展柜，此外还选取了一款中式风格的窗户，如图7-5所示。

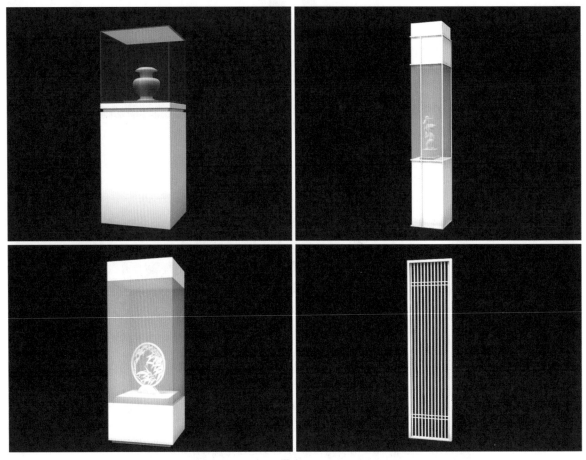

图7-5

2. 茶室区域

茶室区域选取了一款工夫茶桌、一盏中式落地灯、两款屏风和一些布景模型，如图7-6所示。这些模型都具有中式元素，能充分表现场景所要呈现的新中式风格。

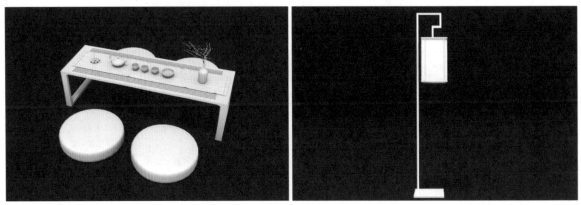

图7-6

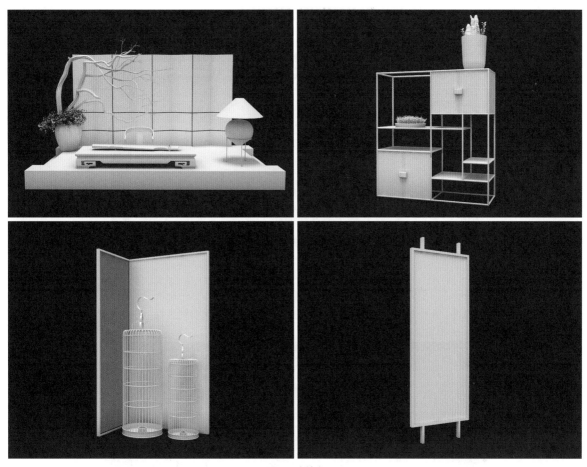

图7-6（续）

7.1.4 一层展厅模型素材的摆放

选择好模型后，按照7.1.3节中划分的空间区域摆放模型。

1. 矮展柜

首先确定矮展柜的位置，笔者做了两个方案。

方案1：将矮展柜分为两组，置于屋子靠窗的两侧，如图7-7所示。

方案2：将矮展柜分为两组，置于屋子两头靠墙处，如图7-8所示。

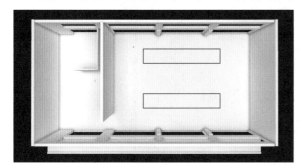

图7-7

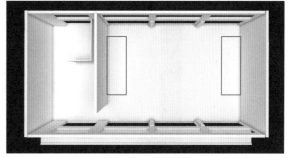

图7-8

方案1中矮展柜的位置比方案2中更好，但考虑到还有高展柜和大型展柜，因此笔者选择了方案2，重点表现高展柜，如图7-9所示。

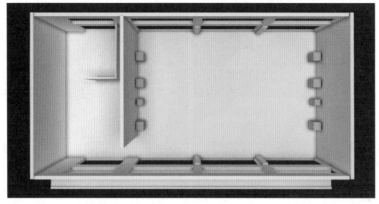

图7-9

2. 高展柜

确定了矮展柜的位置，下面确定高展柜的位置。笔者在之前方案1摆放矮展柜的位置摆放上高展柜，如图7-10所示。

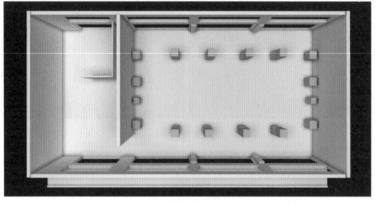

图7-10

3. 大型展柜

摆放完高、矮两种展柜后，展厅还剩下大面积的中间区域。笔者将大型展柜导入场景，然后摆放在展厅的中央，如图7-11所示。

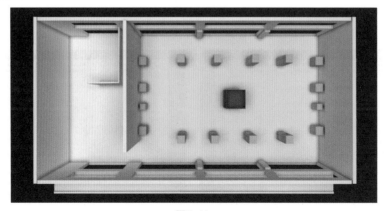

图7-11

笔者也曾考虑将大型展柜摆放成两组，如图7-12所示。由于展柜是直接到顶的款式，为了配合后期吊顶的制作，笔者选择了只摆放一组大型展柜。

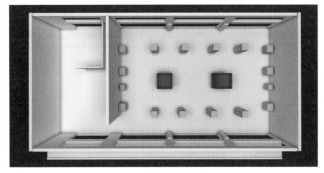

图7-12

4．窗户

最后摆放场景中的窗户，靠下方的窗户全部打开，而靠上方的窗户全部关闭，如图7-13所示，这样是为后期布置灯光做准备。读者也可以根据自己的喜好随意摆放窗户的位置，这里仅作为一种参考。

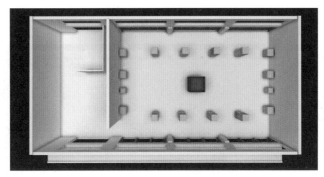

图7-13

7.1.5 二层茶室模型素材的摆放

下面将7.1.3节中选择的素材摆放在二层茶室区域。

1．布景

笔者将布景素材进行组合，然后将其放置在隔断墙背后，如图7-14所示。笔者也曾考虑将其放置在房间中央，但茶桌不好进行摆放，因此保持现在的位置。

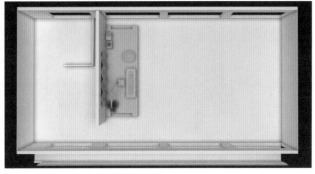

图7-14

2. 屏风

笔者选择了两种屏风款式，小的屏风放在入口处，起到遮挡入口的作用，又不会对靠近入口的客人造成过多的干扰，如图7-15所示。

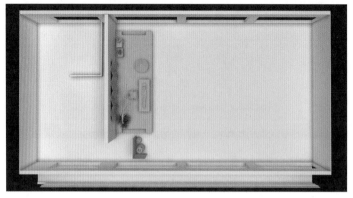

图7-15

大的屏风则放置于房间内，将房间自然分隔成6个小隔间，如图7-16所示。这样客人置身其中，能保证一定的隐私性，也不会对背后的客人造成干扰。

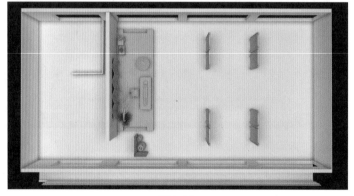

图7-16

3. 茶桌

茶桌的位置位于大屏风之间，在每个屏风后摆放一组茶桌，如图7-17所示。屏风和茶桌的位置，读者也可以根据自己喜欢的方式摆放，这里仅作为一种参考。

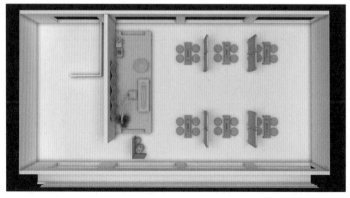

图7-17

4. 落地灯

落地灯位于每组茶桌靠窗一侧，如图7-18所示。若是将落地灯放置于中间过道一侧，可能会对过道内行走的客人造成一定的干扰。

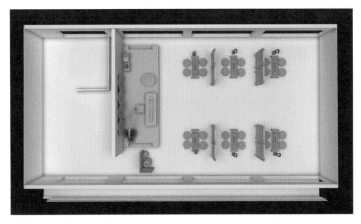

图7-18

7.2 一层空间灯光创建

由于本案例是由两层空间组成，因此笔者将场景保存为两个单独的场景，分别进行制作，这样可以减小场景文件大小，使软件操作更加流畅。下面进行一层空间灯光的布置。

7.2.1 添加外景和室外地面

由于房间两侧有大面积的开窗，需要在窗外建立外景面片和地面，如图7-19所示。这样在室内建立摄影机时就不会导致室外穿帮。

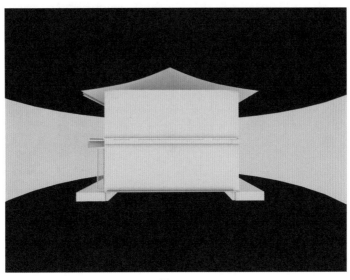

图7-19

7.2.2 添加吊顶

根据展柜摆放的位置，建模制作一层的吊顶，如图7-20所示。与第4章的案例一样，新中式风格空间的吊顶要比其他风格要稍微复杂一些，在制作时加入了许多造型。读者可以根据自己摆放展柜的位置制作出适合的吊顶。

图7-20

7.2.3 添加太阳光

下面为场景添加太阳光，模拟现实生活中的自然光照效果。使用"VRay太阳"作为场景的太阳光，附带的"VRay天空"贴图就会成为场景的环境光。

01 在场景中创建一个"VRay太阳"灯光，位置如图7-21所示。

02 选中创建的"VRay太阳"灯光，然后设置"强度倍增"为0.01、"大小倍增"为5.0、"阴影细分"为8、"天空模型"为Preetham et al.，如图7-22所示。

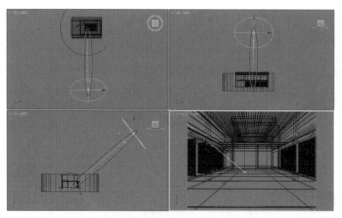

图7-21   图7-22

03 测试渲染效果，如图7-23所示。此时太阳光强度有些弱，需要增加灯光的"强度倍增"数值。

04 设置"强度倍增"为0.02，然后测试效果，如图7-24所示。此时太阳光的强度基本合适，照射的光影效果也达到预期。

图7-23　　　　　　　　　　　　　　　　　图7-24

7.2.4 增强自然光

虽然太阳光的强度合适，但房间内还是显得有些暗。如果继续增大太阳光的"强度倍增"数值，只会让亮部曝光，因此笔者在两侧窗外创建平面灯光，模拟自然光效果。

01 在两侧窗外各创建了一个相同的"VRay灯光"作为自然光，位置如图7-25所示。

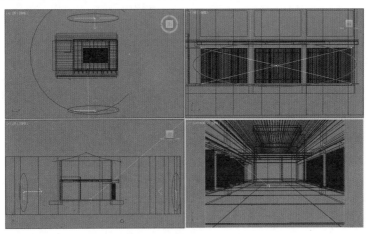

图7-25

02 灯光的大小可以遮挡住窗户即可，灯光的"类型"为"平面"，"颜色"设置为纯白色，"倍增"暂时设置为12.0，如图7-26所示，测试渲染效果如图7-27所示。此时太阳光照射的区域有些曝光，需要稍微降低自然光的强度。

03 设置灯光的"倍增"为10.0，然后测试效果，如图7-28所示。虽然还有些许曝光，但此时室内的亮度是合适的。

图7-26　　　　　　　　　图7-27　　　　　　　　　　图7-28

技巧与提示

地面添加了材质后，室内亮度会有一定程度的变暗，曝光的部分基本不会再出现。

7.2.5 添加展柜灯光

仔细观察展柜模型，在高展柜和大型展柜的顶部都有射灯模型，需要在内部建立灯光，照亮展柜中的艺术品。

01 使用"目标灯光"在展柜的射灯模型下方建立一盏灯，然后以"实例"形式复制到其余展柜射灯的模型下方，如图7-29所示。

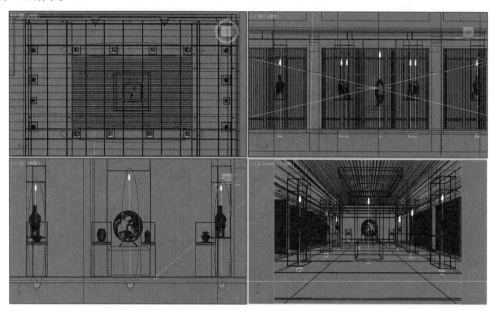

图7-29

02 为"目标灯光"添加"地面光晕.ies"灯光文件模拟射灯效果，灯光色温设置3600.0，"强度"大致设置为3000.0，具体参数如图7-30所示。

03 测试渲染效果，如图7-31所示。展柜内的灯光只需要照亮艺术品即可，不需要太亮。至此，一层展厅的灯光布置完毕。

图7-30   图7-31

> **技巧与提示**
>
> 由于场景表现的是日光效果，笔者就没有为吊顶的射灯添加灯光。

7.3 二层空间灯光创建

打开二层的场景文件，开始布置二层茶室的灯光。二层的太阳光与一层的太阳光一致，只需要将一层的太阳光单独保存后导入到二层空间的场景中即可。

7.3.1 添加吊顶

笔者将一层的吊顶复制到二层，稍加调整后作为二层茶室的吊顶，如图7-32所示。读者也可以根据自己的喜好建立不同款式的吊顶。

图7-32

7.3.2 增强自然光

二层与一层存在同样的问题，太阳光足够亮但室内亮度还是较暗，需要在窗外补充灯光，增强自然光。

01 笔者在两侧窗外各创建了一个相同的"VRay灯光"作为自然光的补充，位置如图7-33所示。

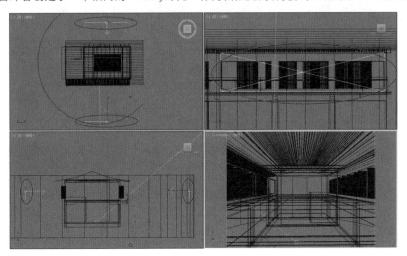

图7-33

02 灯光的大小能覆盖住窗户即可，灯光的"类型"为"平面"，"颜色"设置为纯白色，"倍增"暂时设置为10.0，如图7-34所示，测试渲染效果如图7-35所示。相比于一层的场景亮度，二层的灯光明显偏暗，需要加强。

03 设置灯光"倍增"为20.0，然后测试效果，如图7-36所示。此时场景整体亮度与一层大致相同。

图7-34   图7-35   图7-36

7.3.3 添加落地灯灯光

在每一个茶桌边，都有一盏落地灯，下面为这些落地灯添加灯光。

01 使用"VRay灯光"在灯罩内创建灯光，位置如图7-37所示。

图7-37

02 灯光的大小与要比灯罩小，灯光的"类型"为"球体"，"温度"设置为3600.0，"倍增"暂时设置为300.0，如图7-38所示，测试渲染效果，如图7-39所示。

技巧与提示

灯光的半径大小也和灯光亮度成正比，所以灯光的半径越大时，灯光的倍增要相应减小。

图7-38   图7-39

7.3.4 补充射灯灯光

二层空间是茶室，添加吊顶上的射灯灯光可以让空间看起来更有层次感。

01 使用"目标灯光"在吊顶的射灯模型下方创建一盏灯，然后"实例"复制到其余射灯模型下方，位置如图7-40所示。

02 为"目标灯光"添加"地面光晕.ies"灯光文件模拟射灯效果，灯光温度设置为3600.0，"强度"大致设置为5000.0，具体参数如图7-41所示。

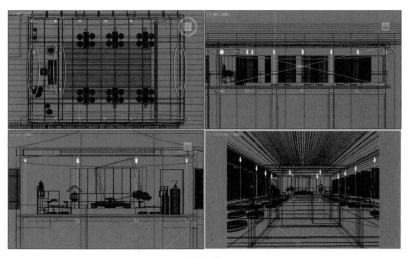

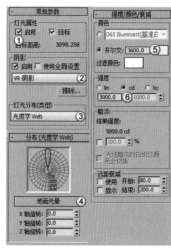

图7-40

图7-41

03 进行渲染测试，如图7-42所示。此时射灯强度太高，需要适当降低参数。

04 设置灯光的"强度"为2500.0，然后进行渲染测试，如图7-43所示。

图7-42

图7-43

技巧与提示

本案例中射灯的作用更多是让墙面上形成光斑，这样墙面看起来也不会显得单调。

7.4 一层空间材质创建

材质是体现设计风格的重要一环。每种设计风格都会拥有自己特定的建筑材质和色彩搭配。掌握了每种风格的特点，才能让我们在设计不同建筑格局时更加得心应手。本节将讲解一层空间的材质。

7.4.1 房屋框架

本案例的房屋框架由墙体、吊顶、地面和窗户这4大类组成，本节将逐一介绍所使用的材质。

1. 房屋框架的材质方案

在制作一层房屋框架的材质之前，先要确定各部分使用的材质类型。

墙面部分笔者选择了最简单的白色乳胶漆。一层空间是展厅，会经常变换陈设以及布置。使用白色乳胶漆能配合各种展厅的布置和主体，不会让空间显得突兀。

吊顶部分在参考了一些相关参考图后，决定使用木纹。相比于白色乳胶漆，木纹会更加符合新中式风格。

窗户部分由于模型选择为中式窗，因此材质上也确定为木纹。

地面部分在参考了相关参考图后做了两个方案。

方案1：屋内屋外都使用地砖。

方案2：屋内使用地毯，屋外使用地砖。

考虑到地毯可以尽量减小走路产生的噪声，以及减小对展柜造成的震动，笔者最终选择了方案2。

2. 房屋框架材质划分

将上述方案在草图中进行表现，大致效果如图7-44所示。

图7-44

3. 白色乳胶漆

白色乳胶漆材质在前面介绍的案例中多次出现，材质设置也很简单，只需要设置"漫反射"为白色即可。具体材质参数如图7-45所示，材质球效果如图7-46所示。

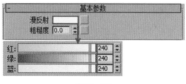

图7-45　　　　　　　　图7-46

4. 浅色木纹

制作浅色木纹材质，首先要找到合适的木纹贴图。

贴图选择

吊顶的木纹颜色要比门窗的木纹颜色浅，这样会显得空间更高。在选择浅色木纹贴图时，笔者选择了如图7-47所示的贴图。将这3张贴图逐一测试效果，最后选择了最后一张贴图。

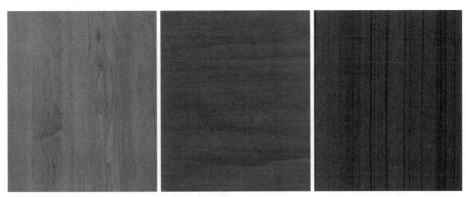

图7-47

吊顶的木纹较为光滑，呈半亚光效果，具体参数设置如图7-48所示，材质球效果如图7-49所示。

材质参数

① 在"漫反射"通道中加载木纹贴图。

② 设置"反射"的颜色为100左右的灰度。

③ 设置"高光光泽"为0.8~0.85，然后设置"反射光泽"为0.82~0.87。

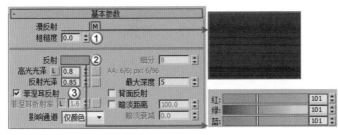
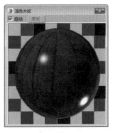

图7-48   图7-49

5. 深色木纹

笔者选择一张偏黑色的木纹作为窗户的贴图，具体参数设置如图7-50所示，材质球效果如图7-51所示。

材质参数

① 在"漫反射"通道中加载木纹贴图。

② 设置"反射"的颜色为25~30的灰度。

③ 设置"高光光泽"为0.5~0.55，然后设置"反射光泽"为0.75~0.82。

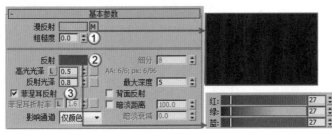

图7-50   图7-51

6. 地毯

地毯反射不强，呈亚光效果，并有强烈的凹凸纹理。

贴图处理

笔者选择了一张与浅色木纹同色系的贴图作为地毯的贴图，如图7-52所示。

为了让地毯形式多样，又在Photoshop中处理了一张黑色的地毯贴图，如图7-53所示。这样地毯可以做出一种拼花效果。

图7-52

图7-53

具体参数设置如图7-54所示，材质球效果如图7-55所示。

材质参数

① 在"漫反射"通道中加载"衰减"贴图，然后在"衰减"贴图的"前"和"侧"通道中加载地毯贴图，接着设置"衰减类型"为"垂直/平行"。

② 设置"反射"为25~30的灰度，然后设置"反射光泽"为0.7。

③ 在"凹凸"通道中加载地毯纹理贴图，然后设置通道量为40~50。

黑色地毯的材质参数与褐色完全相同，这里不再赘述，只需要替换贴图即可，材质球效果如图7-56所示。

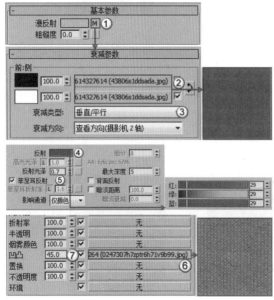

图7-54

图7-55

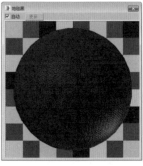

图7-56

7. 地砖

由于地砖可见的面积不大，便使用"平铺"贴图模拟地砖效果，并没有制作实体模型，具体参数设置如图7-57所示，材质球效果如图7-58所示。

材质参数

① 在"漫反射"通道中加载"平铺"贴图，然后在"标准控制"卷展栏中设置"预设类型"为"连续砌合"，接着在"平铺设置"的"纹理"通道中加载地砖贴图，再设置砖缝"纹理"的颜色为130左右的灰度，最后设置"水平间距"和"垂直间距"都为0.25，这样就形成了白缝灰砖的地砖拼花。

② 设置"反射"为55~60的灰度，然后设置"反射光泽"为0.6。

③ 在"凹凸"通道中加载"漫反射"通道中的"平铺"贴图，然后设置通道量为-60.0。

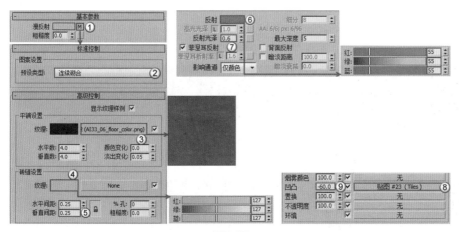

图7-57　　　　　　　　　　　　　　　　　　　　图7-58

8. 材质效果展示

将材质赋予划分好的模型区域，然后测试渲染效果，如图7-59所示。

图7-59

技巧与提示

赋予材质后，由于反射会不同程度地减弱，灯光亮度也会随之减弱。灯光的强度数值可以随着材质的增加而不断调整，只要保持原有灯光的亮度层次即可。

7.4.2 展柜类

本案例有3种类型的展柜，每种展柜在材质上都有些许差异。

1. 展柜材质方案

本案例3种类型的展柜形状大致相同，各部分的材质方案如下。

展柜的展示区域都使用白色透明玻璃。

展柜主体设定了木纹和纯色漆两个方案。

高展柜有边框，笔者设定了不锈钢和有色金属两种方案。

展柜的展台部分使用石材。

将这些方案进行组合后，归纳为方案1和方案2两种类型，如图7-60所示。

图7-60

笔者最终选择方案2作为展柜的材质方案。相比于方案1，方案2的整体色调显得更加有质感，场景整体的色调也更加丰富。

2. 黑漆

黑漆材质反射较强，但呈现亚光效果，具体材质参数如图7-61所示，材质球效果如图7-62所示。

材质参数

① 设置"漫反射"为灰度5左右的黑色。

② 设置"反射"为灰度200左右的灰色。

③ 设置"高光光泽"为0.6~0.65，然后设置"反射光泽"为0.85~0.9。

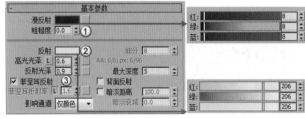

图7-61

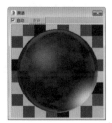

图7-62

3. 玻璃

玻璃材质呈现光滑和透明两个特点，具体材质参数如图7-63所示，材质球效果如图7-64所示。

材质参数

① 设置"漫反射"颜色为纯白色。

② 设置"反射"颜色为50~70的灰度。

③ 设置"折射"为250左右的灰度，然后设置"折射率"为1.517。

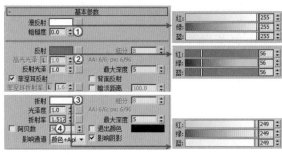
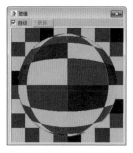

图7-63　　　　　　　　　　　　　　　图7-64

4. 有色金属

有色金属是通过"漫反射"和"反射"通道的颜色来控制金属颜色，具体材质参数如图7-65所示，材质球效果如图7-66所示。

材质参数

① 设置"漫反射"颜色为深黄色。

② 设置"反射"颜色为金色。

③ 设置"高光光泽"为0.75左右、"反射光泽"为0.95左右。

④ 设置"菲涅耳折射率"为12~18。

⑤ 设置"双向反射分布函数"的类型为"微面GTR(GGX)"，然后设置"各向异性"为0.6，这样就能形成狭长的高光范围。

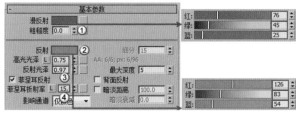

图7-65　　　　　　　　　　　　　　　图7-66

5. 石材

展柜的展台部分都使用了石材，具体材质参数如图7-67所示，材质球效果如图7-68所示。

材质参数

① 在"漫反射"中加载一张石材的贴图，最好是带纹理的。

② 设置"反射"颜色为40左右的灰度。

③ 设置"高光光泽"为0.5~0.6，然后设置"反射光泽"为0.6~0.65。

④ 在"凹凸"通道中加载"漫反射"通道中的贴图，然后设置通道量为30.0。

图7-67　　　　　　　　　　　　　　　图7-68

6. 材质效果展示

将材质赋予模型，然后测试渲染效果，如图7-69所示。

图7-69

技巧与提示

展柜的射灯部分笔者使用了与吊顶一样的浅色木纹材质，制作过程就不再赘述。

7.4.3 外景

由于一层场景有大面积的开窗，因此需要在窗外建立外景。为了让场景操作更加流畅，这里没有使用实体外景模型，而是使用贴图进行模拟。

1. 材质参数

图7-70所示是笔者找的一张外景贴图。外景贴图一定要符合环境，本案例的外景贴图就需要一张能看到地面的外景图，而不是在高层看到的高楼大厦、高山白云等不符合逻辑的外景图。

具体材质参数如图7-71所示，材质球效果如图7-72所示。

① 在"漫反射"通道中加载环境贴图。

② 设置"颜色"为100。

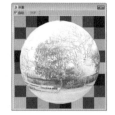

图7-70　　　　　　　　　　图7-71　　　　　　　　　　图7-72

2. 材质效果展示

将材质赋予模型，然后测试渲染效果，如图7-73所示。

图7-73

技巧与提示

一层空间的材质完成后，此时效果图的亮度很低，需要在渲染成图前整体提升灯光亮度。

7.5 二层空间材质创建

本节将讲解二层空间的材质，与一层空间相同的材质就不再赘述。

7.5.1 房屋框架

本案例的房屋框架由墙体、吊顶、地面和窗户这4大类组成，其中吊顶、地面和窗户的材质与一层一致。

1. 房屋框架材质划分

二层房屋框架材质与一层大致相同，只是在墙面部分笔者想做一些改变。与一层展厅不同，二层的茶室不会在空间布置上有过多的改变，因此笔者想将墙面处理成硅藻泥形式的墙面，以下为笔者预想的两个方案。

方案1：白色硅藻泥墙面，大致效果如图7-74所示。

方案2：灰色硅藻泥墙面，大致效果如图7-75所示。

图7-74

图7-75

参考第4章的案例，灰色的墙面更具有质感，能使整个空间具有艺术气息，因此笔者选择方案2的墙面。

2. 灰色硅藻泥

硅藻泥材料与乳胶漆最大的区别是具有强烈的凹凸肌理，具体参数如图7-76所示，材质球效果如图7-77所示。

材质参数

① 设置"漫反射"为灰度95左右的灰色。

② 在"反射"通道中加载一张肌理贴图，然后设置"高光光泽"为0.6~0.65，接着设置"反射光泽"为0.55~0.65。

③ 在"凹凸"通道中加载"反射"通道中的肌理贴图，然后设置通道量为60~80。

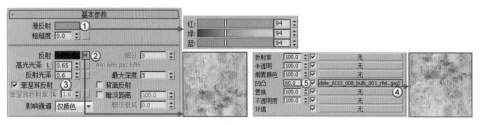

图7-76

图7-77

3. 材质效果展示

将设置好的材质赋予模型，测试渲染效果如图7-78所示。

图7-78

7.5.2 布景与茶桌

布景与茶桌导入的都是自带材质的模型，需要根据场景的整体效果调整部分材质。

1. 地台

布景的地台模型原来附带一张浅黄色的木纹贴图，如图7-79所示。

笔者觉得这张贴图颜色偏浅，与整体场景不搭，因此将贴图更换为与窗户相同的深色木纹，如图7-80所示。

图7-79　　　　　　　　　图7-80

地台的材质参数与窗户相同，这里不再赘述。

2. 台布

茶桌上的台布模型原来附带一张深色的布纹贴图，如图7-81所示，材质球效果如图7-82所示。

笔者觉得台布颜色过深，就去掉这张贴图，并设置"漫反射"颜色为灰白色，此时材质球效果如图7-83所示。

图7-81   图7-82   图7-83

3. 材质效果展示

其余材质不变，然后测试效果，如图7-84所示。

图7-84

7.5.3 屏风

屏风是导入时自带材质的模型，需要根据场景的整体效果调整部分材质。

1. 屏风材质方案

屏风有两部分组成，外部的框架采用"浅色木纹"材质，如图7-85所示。

图7-85

中间部分笔者预想了4个方案。

方案1：不透明纯色屏风，如图7-86所示。

方案2：半透明纯色屏风，如图7-87所示。

图7-86

图7-87

方案3：不透明中国画屏风，如图7-88所示。

方案4：半透明中国画屏风，如图7-89所示。

图7-88

图7-89

通过这4个方案的测试效果，笔者觉得方案4更加合适，因此选择了方案4。

技巧与提示

这里只用了一种贴图展示屏风，读者可以选择不同的图案进行组合。

2. 屏风

半透明的屏风材质具体参数，如图7-90所示，材质球效果如图7-91所示。

材质参数

① 在"漫反射"通道中加载屏风画贴图。

② 设置"折射"为75左右的灰度，然后设置"折射率"为1.01。

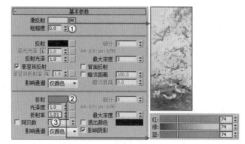

图7-90

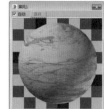

图7-91

技巧与提示

如果想做出屏风的纹理感，可以在"凹凸"通道添加布纹纹理的贴图。

7.6 渲染与后期处理

其余的材质只需在原有的基础上进行一定的调整即可，这里不再赘述。适当地调整整体的灯光强度，测试效果无误后开始渲染。在场景中任意设置几个镜头，渲染效果如图7-92所示。

图7-92

将渲染好的成图导入Photoshop中进行后期处理。下面以镜头1为例简单讲解后期处理的一些要素，案例制作过程中的参数仅供参考。

01 将图片导入Photoshop，然后复制一层，如图7-93所示。

02 打开"色阶"对话框进行调整，参数如图7-94所示，效果如图7-95所示。

图7-93

图7-94

图7-95

03 观察到画面有些平淡，需要用"色彩平衡"添加环境氛围。打开"色彩平衡"对话框，然后调整亮部偏暖一点，暗部偏冷一点，如图7-96和图7-97所示，效果如图7-98所示。画面有了冷暖对比会更加生动。

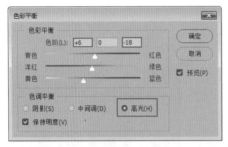

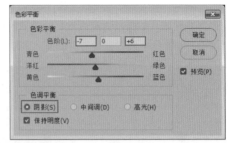

图7-96 图7-97

图7-98

04 此时画面还有些偏暗，打开"亮度/对比度"对话框，整体提升画面亮度，如图7-99所示，效果如图7-100所示。

图7-99 图7-100

05 适当减小"自然饱和度"数值，增加画面的真实感，如图7-101所示，效果如图7-102所示。

图7-101

图7-102

06 画面的颜色亮度已经调整到合适的效果，但画面构图似乎还不是很完美，地面部分较多。用"裁剪"工具裁掉一部分地面和吊顶，如图7-103所示。

图7-103

技巧与提示

若是在前期设定输出比例时，无法获得理想的画幅，可以在Photoshop中通过"裁剪"得到。

07 按照以上的方法对其他镜头进行调整，效果如图7-104所示。

图7-104

图7-104（续）

　　本书的案例在后期处理时使用的方法都很简单，只是调节画面的亮度、色彩和构图。这就需要我们在前期渲染成图时，调整灯光、材质和渲染参数到最佳状态。

　　即使是常年制作效果图的老手，也会出现后期无法调整的小问题。那么有没有不重新渲染就能在后期调整的方法呢？这里笔者简单介绍两个常用的方法。

　　1.　VRayRenderID通道。

　　这种方法适用于在不更改场景中模型位置和样式的情况下，通过前期渲染的VRayRenderID通道单独调整画面中材质的亮度、颜色和质感。

　　VRayRenderID通道也是在"渲染元素"面板中进行添加，如图7-105所示。该通道不需要进行参数调整，只需要随成图一起渲染即可。

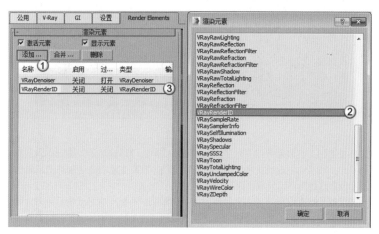

图7-105

在渲染完成图后，会在"VRay帧缓存"的通道菜单中找到这张通道图，如图7-106所示。

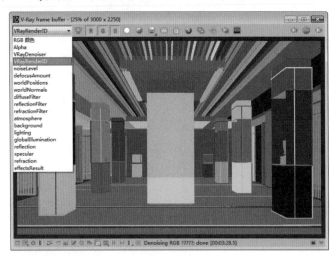

图7-106

图中彩色的图片就是本案例镜头1的通道图，每一种颜色代表一个单独的模型。由于吊顶是由很多单独的模型组成，并没有塌陷为一个整体模型，因此吊顶部分就会出现很多种颜色。

相信有读者会问，能不能按照材质分类渲染通道颜色，一种材质对应一个色块？很遗憾，现在的VRay渲染器还没有提供这种通道，要想实现这种效果，只能借助于相关的通道插件。这种插件在网络上很常见，有需求的读者可以自行搜索下载。

借助现有的VRayRenderID通道也能进行修改，只不过要相对麻烦一些。将通道图与成图同时导入Photoshop中，然后用"魔棒工具"在通道图上选择需要修改模型的色块，接着在成图上将选中的部分复制为一个新图层后进行修改即可。

2. 局部渲染。

这种方法适用于场景中修改个别模型的材质和细微造型。将需要修改的模型调整好后，然后单击"VRay帧缓存"窗口中的"区域渲染"按钮，接着在视图中框选出修改的模型部分，如图7-107所示。

图7-107

此时计算机只会渲染红框范围，其余部分不变。渲染完成后再次单击"区域渲染"按钮取消视图中的红框，然后保存图片。将保存的图片与原图在Photoshop中进行拼合后再进行统一调整。需要注意的是这种方法只能作为临时补救，如果场景中的模型大面积修改就不能使用这种方法，只能重新渲染。

局部渲染还有一个很方便的用法是分段渲染。有时候因为某些原因，不能一次将成图渲染完，这时就可以将渲染好的部分先单独保存，然后在下次渲染时，框选出没有渲染的部分单独渲染。将单独渲染的图片在后期软件中进行拼合，就能成为一张完整的效果图。

如果读者想进一步了解效果图后期方面的知识，请参阅相关图书。

第 8 章

08

现代风格创客研发室

视频长度：00:38:31

8.1 案例设计思路

　　本案例是将一间普通房间作为科技类创客的研发室。由于房间宽敞通透、采光良好，符合之前在第2章中介绍的现代风格的特点，因此确定这间房间为现代风格。场景的外体框架、屋顶和地面是按照房间原有的结构进行建模，有了场景整体框架后，笔者决定从场景结构划分、模型素材的选择与摆放着手进行前期的场景制作。

8.1.1 研发区域与办公区域的融合思路

　　图8-1所示是房间原有结构的模型，房间的面积大约为50m²，不能分成两个明显的房间，需要思考如何

将这两个区域进行融合，既可以进行办公与研发，也不影响创客们的交流。笔者构思了以下两个方案。

图8-1

方案1：在红线标识的区域放置办公桌，作为办公区域，如图8-2所示。

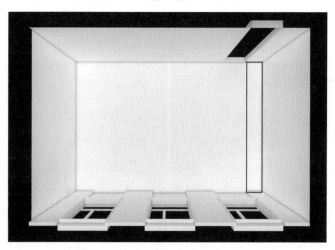

图8-2

方案2：在房间的另一头放置办公桌，如图8-3所示。

图8-3

笔者选取方案2作为最终方案。方案2的办公区域位于房间内侧，远离入口处，从而减少人员进出带来的干扰，更有利于创客进行工作。

8.1.2 选择模型素材

本案例是将办公与研发合二为一，因此在选择素材时就需要参考这方面的图片。图8-4所示是现代风格的研发室和办公室，可以作为我们选择素材时的参考。

图8-4

通过上面图片的提示，场景需要办公桌、操作台、研发产品和研发工具等一系列模型，如图8-5所示。这些模型结构简单，没有复杂的造型线条。由于是整体模型组，可能会带有一些装饰模型。

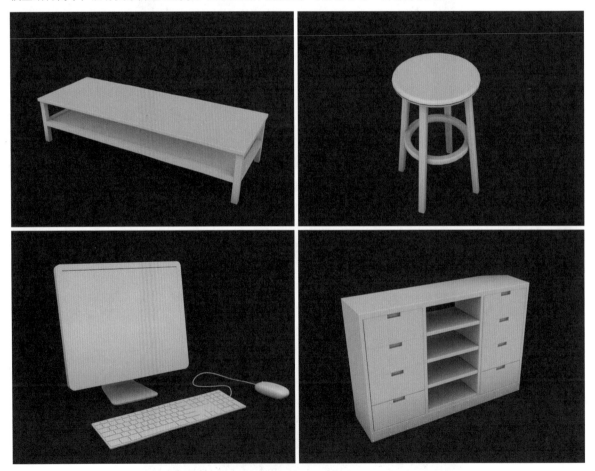

图8-5

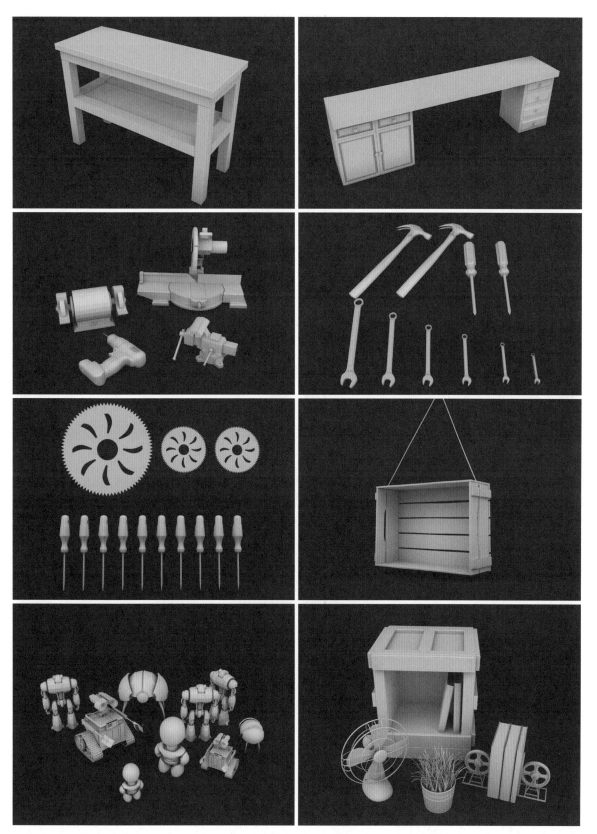

图8-5（续）

8.1.3 模型素材的摆放

将选择的模型素材按照8.1.1节中确定的方案进行摆放。

1. 办公桌

按照8.1.1节中确定的方案，将办公桌放置在房间最内侧靠墙的位置，如图8-6所示。笔者将桌子进行拼合，组成一组办公桌。

2. 办公用品

在办公桌上摆放电脑和文件盒等办公用品模型，如图8-7所示。

 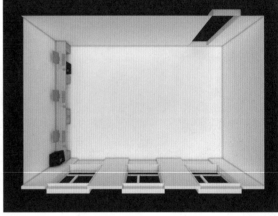

图8-6　　　　　　　　　　　　　　　　　　图8-7

技巧与提示

读者也可以根据自己的喜好，在场景内摆放合适的模型。这里的办公用品仅作为参考。

3. 操作台

操作台的摆放位置，笔者做了两个方案。

方案1：在房间中央摆放两张操作台，使其与窗子平行，如图8-8所示。

方案2：将两张操作台旋转90°，使其与办公桌平行，如图8-9所示。

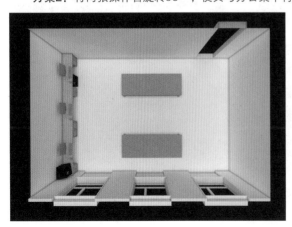 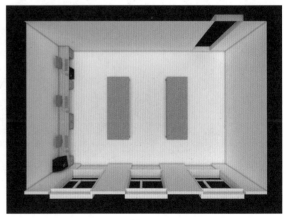

图8-8　　　　　　　　　　　　　　　　　　图8-9

经过对比，笔者最后选择了方案2。按照方案2中桌子的摆放方向，可以在房间的两侧留出足够的通道，如图8-10所示。

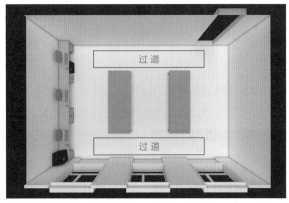

图8-10

4. 凳子

办公桌和操作台位置确定后，就可以在场景内摆放凳子模型，如图8-11所示。

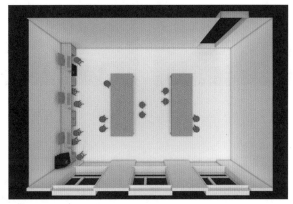

图8-11

技巧与提示

凳子的位置不需要摆放得太整齐，否则画面看起来不生动自然。

5. 柜子

在8.1.2节中选择了两款柜子，将它们分别放置在场景的靠墙位置，如图8-12所示。

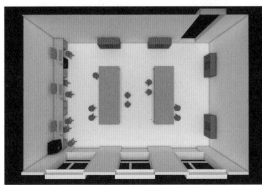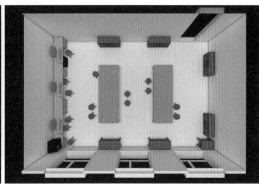

图8-12

6. 墙饰

在8.1.2节中还选择了一些墙饰素材，让空间看起来更加丰富，如图8-13所示。案例中墙饰的位置和组合方式仅作为一种参考。

7. 工具与产品

将研发工具和研发产品的模型随机摆放在场景中，如图8-14所示。操作台上的模型要摆放得丰富一些，但不要太整齐。两侧柜子上也可以摆放一些工具和产品，这样会让空间看起来更加真实。

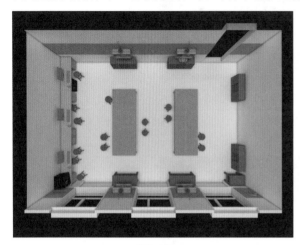

图8-13

图8-14

8. 窗帘

最后将窗帘模型放置在场景内，窗帘的长短可以适当做一些调整，如图8-15所示。

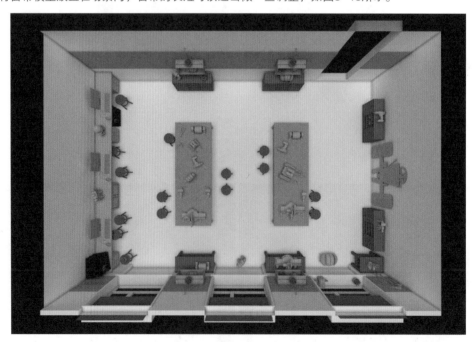

图8-15

至此，场景中的模型全部摆放完成，读者可参照设计思路设计自己喜欢的方案。

8.2 灯光创建

灯光是场景制作中很重要的一部分，可以明确场景的时间和氛围。本案例更注重体现场景的真实感，需要按照现实生活的光照规律布置场景中的灯光。

8.2.1 增加吊顶

原有的屋顶是一个基础的平顶，如图8-16所示。根据参考图，相关的空间大部分使用了铝扣板吊顶配日光灯，因此在本案例中笔者也制做了一种同类型吊顶，如图8-17所示。

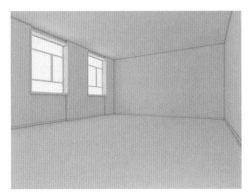

图8-16   图8-17

8.2.2 添加自然光源

下面为场景添加自然光源，模拟现实生活中的自然光照效果。

01 使用"VRay太阳"模拟太阳光，其位置如图8-18所示。在创建"VRay太阳"灯光的同时，系统会自动提示创建"VRay天空"贴图。

02 设置"VRay太阳"的"强度倍增"为0.3、"大小倍增"为5.0、"阴影细分"为8、"天空模型"为Preetham et al.，如图8-19所示。

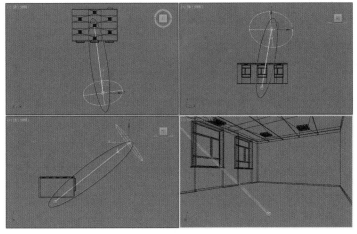

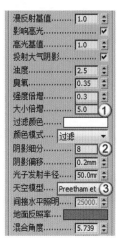

图8-18   图8-19

03 给场景模型整体添加白色的覆盖材质，然后测试渲染效果，如图8-20所示。此时画面非常亮，需要适当降低"强度倍增"的数值。

04 将"强度倍增"数值设置为0.05，然后测试渲染效果，如图8-21所示。

图8-20 图8-21

技巧与提示

这里的数值仅作为灯光亮度层次的参考，在赋予材质后会调整每个灯光的强度。

8.2.3 丰富灯光层次

01 添加自然光源后，可以观察到场景的灯光没有表现出光线从窗外到室内递减的效果。笔者决定在每一扇窗外增加一盏灯模拟环境光，丰富场景的灯光层次，灯光位置如图8-22所示。

02 灯光的大小能遮挡住窗户即可、"颜色"设置为纯白色，"倍增"暂时设置为20.0，如图8-23所示。测试渲染效果，如图8-24所示。此时灯光呈现从窗外到屋内递减的效果，不仅增加整体空间的亮度，也提升了层次感。

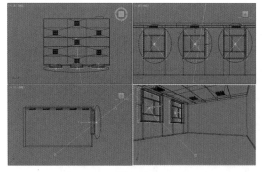

图8-22 图8-23 图8-24

技巧与提示

这里的灯光都勾选了"不可见"选项，在视图中不会渲染出灯片的形状。

8.2.4 添加室内光源

自然光源添加完成后，就需要布置室内光源。本案例的室内光源只有吊顶上的日光灯，因此只需要为日光灯添加光源即可。日光灯有两种做法，一种是用ies文件模拟，另一种是用"VRay灯光"模拟。虽然"VRay灯光"会比ies文件模拟的灯光效果差一些，但是"VRay灯光"操作简便，在本案例中笔者使用"VRay灯光"。

01 使用"VRay灯光"在日光灯模型下创建一个平面灯光，然后"实例"复制到其余日光灯模型下方，位置如图8-25所示。

02 灯光的大小与日光灯差不多即可，然后设置"颜色"为白色，"倍增"暂时设置为3.0，如图8-26所示，渲染效果如图8-27所示。

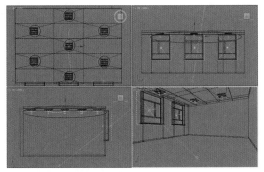  

图8-25 　　　　　　　　图8-26 　　　　　　　　图8-27

技巧与提示

日光灯在场景中的作用是加深场景内物体的硬阴影，照明并不是主要用途。将场景中其余物体显示，以便观察阴影效果是否合适。

03 观察渲染效果，发现阴影效果还不够，需要继续增加灯光强度。将"倍增"设置为5.0，然后测试渲染效果，如图8-28所示，此时的阴影效果就合适了。

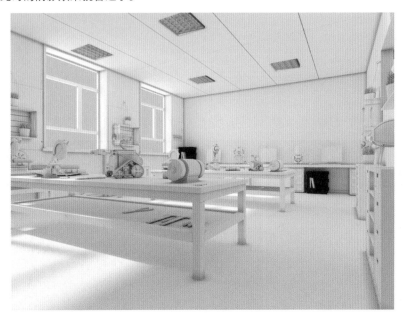

图8-28

8.3 材质创建

材质是体现设计风格的重要一环，每种设计风格都会拥有自己特定的建筑材质和色彩搭配。掌握了每种风格的特点，才能让我们在设计不同建筑空间时更加得心应手。

书中所提供的材质参数仅作为参考，读者可根据材质原理设置自己喜欢的效果。

8.3.1 墙面类

本节将根据场景确定墙面使用的材质类型。

1. 墙面使用的材质

墙面颜色是确定场景主体色调的一个关键点。本案例是一个科技类的研发室，除了用乳胶漆进行装饰外，笔者还想在墙面张贴一些与科技有关的墙绘，这样不仅符合创客空间的主题，也能丰富创客的思维。

2. 墙绘的位置

如果整个空间的墙面都使用墙绘，会显得空间过于花哨，墙绘与乳胶漆结合的方式就是墙面材质的重点。根据操作台的摆放方向，在房间两端的墙面使用了墙绘，其余部分使用乳胶漆。材质示意效果如图8-29所示。

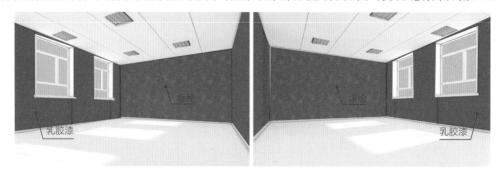

图8-29

3. 墙绘

制作墙绘材质，首先需要寻找合适的墙绘贴图。

贴图选择

图8-30所示是笔者选择的墙绘贴图，本案例是科技类创客的研发室，因此选择了带有科技元素的贴图。

图8-30

材质参数

墙绘反射不强，呈现亚光效果，只需要在"漫反射"通道中加载墙绘贴图即可，具体参数设置如图8-31所示，材质球效果如图8-32所示。

另一面墙绘的材质球效果，如图8-33所示。

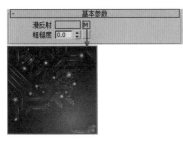

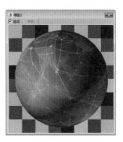

图8-31   图8-32   图8-33

4. 乳胶漆材质

在确定乳胶漆颜色时，笔者尝试过蓝色、黄色和白色3种方案，如图8-34所示。

图8-34

经过测试对比后，笔者选择了与墙绘同色系的蓝色。乳胶漆的做法很简单，设置"漫反射"的颜色为蓝色即可，如图8-35所示，材质球效果如图8-36所示。

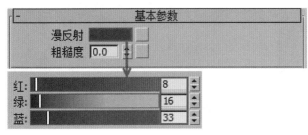

图8-35   图8-36

8.3.2 地面类

现代风格的地面材质有多种选择，比如常见的木地板、瓷砖，甚至可以用到水泥。本节将确定地面使用的材质。

1. 地面材质方案

笔者根据墙面的材质做了两个方案。

方案1：使用水泥自流平，大致效果如图8-37所示。

方案2：使用深色地砖，大致效果如图8-38所示。

图8-37

图8-38

笔者觉得深色地砖比水泥地面更合适，最终选择方案2作为地面材质。

2. 地砖

地砖呈亚光效果，有一定的反射和砖块的凹凸效果，具体材质参数如图8-39所示，材质球效果如图8-40所示。

材质参数

① 在"漫反射"通道中加载地砖的贴图。

② 设置"反射"颜色为90左右的灰度。

③ 设置"高光光泽"为0.6左右、"反射光泽"为0.75左右，增大地砖的高光范围和粗糙度，这样就能呈现亚光效果。

④ 将"漫反射"通道中的贴图复制到"凹凸"通道，然后设置通道量为-15~-20。由于砖缝的颜色比砖块颜色浅，因此这里需要设置为负值。

图8-39

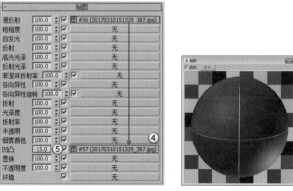

图8-40

3. 踢脚线

根据地砖的效果，选择合适的踢脚线贴图。

贴图选择

由于地面使用深色地砖，因此踢脚线也会随地砖一样使用石材。图8-41所示是笔者选择的一张深色石材贴图，作为踢脚线的材质贴图。

图8-41

踢脚线与地砖一样呈亚光效果，但比地砖光滑一些，具体材质参数如图8-42所示，材质球效果如图8-43所示。

材质参数

① 在"漫反射"通道中加载石材的贴图。

② 设置"反射"颜色为90左右的灰度。

③ 设置"高光光泽"为0.6左右、"反射光泽"为0.85左右。踢脚线不用考虑防滑的用途，增大"反射光泽"的数值能让踢脚线的质感更好。

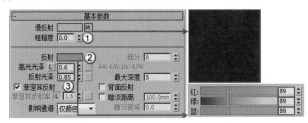 

图8-42   图8-43

4. 材质效果展示

将材质赋予模型，然后测试渲染效果，如图8-44所示。

图8-44

8.3.3 吊顶类

本案例中的吊顶由铝扣板和日光灯两部分组成。

1. 吊顶使用的材质

吊顶的材质在建模时就确定为铝扣板，根据参考图和已有材质的效果，笔者决定使用白色的铝扣板。日光灯模型是外部导入的现成模型，自带材质，不需要再单独制作。

2. 铝扣板

纯白色的铝扣板在渲染时容易曝光，需要添加一张贴图。

贴图选择

图8-45所示是笔者在网上找的一张铝扣板贴图，相比于纯白色的铝扣板，这种带有一些花纹的铝扣板细节更加丰富，并且在渲染时不容易曝光。

图8-45

铝扣板的反射较强，呈现金属感，但表面高光范围大，不会有太强的镜面效果，具体材质参数如图8-46所示，材质球效果如图8-47所示。

材质参数

① 在"漫反射"通道中加载铝扣板的贴图。

② 设置"反射"颜色为160左右的灰度。

③ 设置"高光光泽"为0.6左右、"反射光泽"为0.9左右，然后设置"菲涅耳折射率"为3.0左右。"菲涅耳折射率"的数值是控制金属效果的参数，数值越大金属感越强。

④ 设置"双向反射分布函数"的类型为"微面GTR（GGX）"。

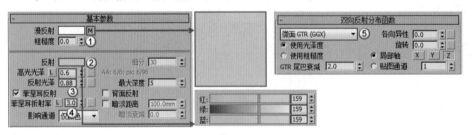

图8-46

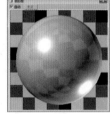

图8-47

技巧与提示

"微面GTR（GGX）"是VRay 3.0版本加入的新参数，用于控制金属类材质球的高光。

3. 材质效果展示

将材质赋予模型，然后测试渲染并观察效果，如图8-48所示。

图8-48

8.3.4 桌椅类

下面对场景中的操作台、办公桌和凳子模型确定相应的材质。

1. 操作台材质划分

现有的材质颜色大多是深色，因此操作台部分会选用浅色的材质。笔者决定将操作台设定为浅色木纹，木纹色是暖色，与场景现有的冷色材质起到冷暖对比的效果。为了让操作台看起来更加真实，会在台面的部分添加一些划痕效果，大致的材质划分如图8-49所示。

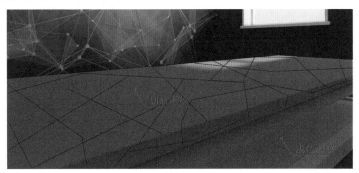

图8-49

2. 浅色木纹

浅色木纹接近于原木效果，表面粗糙且有凹凸木纹纹理，具体参数如图8-50所示，材质球效果如图8-51所示。

材质参数

① 在"漫反射"通道中加载浅色木纹贴图。

② 设置"反射"为35左右的灰度，然后设置"高光光泽"为0.6、"反射光泽"为0.65左右。

③ 将"漫反射"通道中的贴图复制到"凹凸"通道，然后设置通道量为10~15。

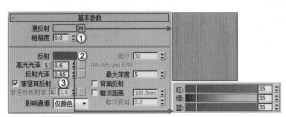

图8-50

图8-51

3. 划痕木纹

划痕木纹与浅色木纹相似，只是在浅色木纹的基础上添加划痕效果。

贴图选择

图8-52所示是笔者寻找的划痕纹理贴图。黑白效果的纹理贴图不仅可以作为"凹凸"通道的纹理，也可以作为"反射"和"反射光泽"通道的纹理。

图8-52

具体参数如图8-53所示，材质球效果如图8-54所示。

材质参数

① 在"漫反射"通道中加载浅色木纹贴图。

② 设置"反射"为35左右的灰度，然后设置"高光光泽"为0.6、"反射光泽"为0.65左右，到这一步都和"浅色木纹"材质的步骤一致。

③ 在"反射"和"反射光泽"通道中加载划痕贴图，然后设置"反射"通道量为50.0左右，接着设置"反射光泽"通道量为50.0左右。

④ 在"凹凸"通道加载一张"混合"贴图，然后在"颜色#1"通道中加载划痕贴图、"颜色#2"通道中加载浅色木纹贴图，接着设置"混合量"为30.0左右，再设置"凹凸"通道量为-30.0左右。通过这个步骤，不仅让木纹保持了自身的纹理，还能带有划痕纹理。

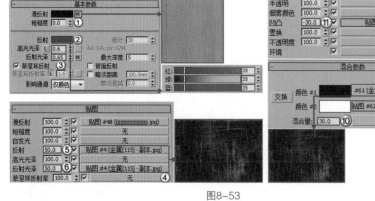
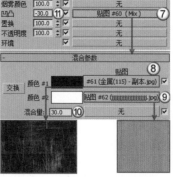
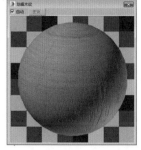

图8-53

图8-54

4. 凳子使用的材质

为了与浅色木纹的操作台有所区别，凳子使用深色木纹。图8-55所示是笔者寻找的深色木纹贴图。

图8-55

5. 深色木纹

相对于粗糙的浅色木纹，凳子使用的深色木纹会相对光滑一些，具体参数如图8-56所示，材质球效果如图8-57所示。

材质参数

① 在"漫反射"通道中加载深色木纹贴图。

② 设置"反射"为125左右的灰度，然后设置"高光光泽"为0.75、"反射光泽"为0.85左右。减小高光范围和粗糙度，可以更好地表现清漆木纹的质感。

③ 将"漫反射"通道中的深色木纹贴图复制到"凹凸"通道中，然后设置通道量为10左右。

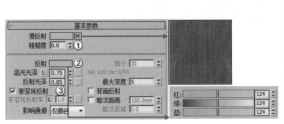

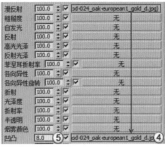

图8-56

图8-57

6. 材质效果展示

办公桌同样使用浅色木纹材质，将材质赋予模型，然后测试渲染效果，如图8-58所示。

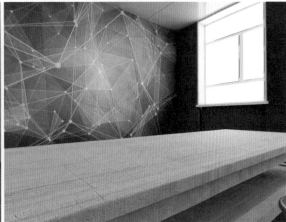

图8-58

8.3.5 柜体类

场景中不仅有两种矮柜，还有墙上的壁挂架和木架，本节需要为这些模型确定材质。

1. 柜体类材质划分

两种矮柜、壁挂架和墙上的木架都是木纹材质，根据已有的3种木纹材质，分别赋予模型，示意效果如图8-59所示。

图8-59

2. 木架

笔者预想的木架是一种有孔的效果，如图8-60所示。由于木架不是场景表现的重点，因此没有使用实体模型，而是用贴图进行表现。

贴图选择

图8-61所示是笔者找的一张黑白贴图，可以模拟木架的格子，黑色部分是木架的孔，白色部分是木纹。

图8-60

图8-61

木架材质仍然是在浅色木纹材质的基础上进行修改，具体材质参数如图8-62所示，材质球效果如图8-63所示。

材质参数

① 在"漫反射"通道中加载浅色木纹贴图。

② 设置"反射"为35左右的灰度，然后设置"高光光泽"为0.6、"反射光泽"为0.65左右。

③ 在"凹凸"通道和"不透明度"通道中加载黑白格子贴图，然后设置"凹凸"通道量为10~15，此时木架就呈现镂空效果。

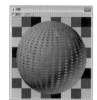

图8-62　　　　　　　　　　　　　　　　　　　　　　　　　　图8-63

3. 材质效果展示

将材质赋予相应模型，并调整好贴图坐标，测试效果如图8-64所示。

图8-64

8.3.6 其他类

本案例中大部分材质都已经确定，还有些细节部分的材质没有确定。

1. 窗框使用的材质

窗框部分使用木质材质，中间的分隔部分使用黑漆材质，材质大致划分如图8-65所示。

图8-65

黑漆材质呈现亚光效果，具体材质参数如图8-66所示，材质球效果如图8-67所示。

材质参数

① 设置"漫反射"颜色为黑色。

② 设置"反射"为25左右的灰度，然后设置"反射光泽"为0.6左右。

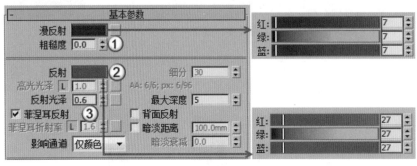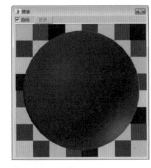

图8-66　　　　　　　　　　　　　　　　　　　　图8-67

2. 外景

本案例有3扇窗户，能直接看到窗外，因此需要添加外景贴图。

贴图处理

图8-68所示是笔者选择的外景贴图，并在Photoshop中进行了提亮，整个图片呈现略微曝光的效果，更加符合现实。

具体材质参数如图8-69所示，材质球效果如图8-70所示。

材质参数

① 在"VRay灯光"材质的通道中加载外景贴图。

② 设置通道的强度为7.0。

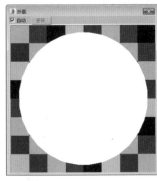

图8-68　　　　　　　　　　图8-69　　　　　　　　　　图8-70

3. 窗帘

窗帘材质在之前的几个案例中都有讲解，本案例的材质参数也大同小异，具体材质参数如图8-71所示，材质球效果如图8-72所示。

材质参数

① 在"折射"通道中加载一张"衰减"贴图。

② 设置"衰减"贴图的"前"通道颜色为35左右的灰度，然后设置"侧"通道颜色黑色。

③ 设置"衰减类型"为"垂直/平行"。

④ 设置"光泽度"为0.95左右，然后设置"折射率"为1.01。

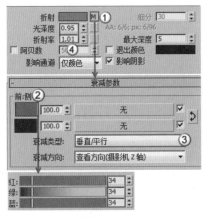

图8-71

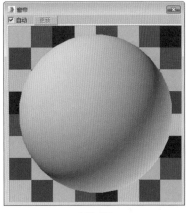

图8-72

4. 材质效果展示

将材质赋予相应模型，然后测试渲染效果，如图8-73所示。

图8-73

技巧与提示

测试渲染的图片中有许多白色的噪点，这是渲染参数不高导致的。在最终成图渲染时提高渲染参数，并添加"VRay物理降噪"即可解决这种问题。

8.4 渲染与后期处理

材质设置完毕后，根据测试结果调整灯光参数。在场景中任意设置几个镜头，渲染效果如图8-74所示。

图8-74

将渲染好的成图导入Photoshop中进行后期处理。以镜头1为例简单讲解后期处理的一些要素，案例制作过程中的参数仅供参考。

01 将图片导入Photoshop中，然后复制一层，如图8-75所示。

02 打开"色阶"对话框进行调整，参数如图8-76所示，效果如图8-77所示。本案例在前期渲染时灯光亮度基本合适，只需要在后期中略微调整整体色阶即可。

图8-75

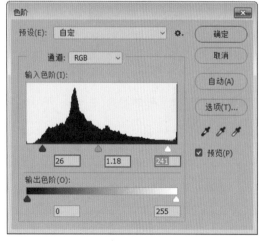

图8-76

图8-77

03 打开"色彩平衡"对话框，增加画面的冷暖对比，使画面的亮部偏暖、暗部偏冷，如图8-78和图8-79所示，效果如图8-80所示。

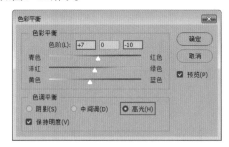

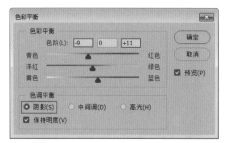

图8-78　　　　　　　　　　　　　　　　　　　图8-79

图8-80

技巧与提示

　　创客空间的效果图追求写实效果，因此在后期调整画面色彩时不要添加过多的色彩滤镜。

04 打开"自然饱和度"对话框，然后设置"自然饱和度"为-10，如图8-81所示，效果如图8-82所示。降低一点饱和度能使画面看起来更加真实。

图8-81

图8-82

05 按照以上的方法对其他镜头进行调整，效果如图8-83所示。

图8-83